U0271750

“一带一路”生态环保系列丛书

中国环境保护「走出去」可持续发展报告

区域环境合作政策与实践

SUSTAINABLE DEVELOPMENT OUTLOOK ON "GOING GLOBAL" OF CHINA'S ENVIRONMENTAL PROTECTION

GOING GLOBAL

张洁清 李 霞 温竹青 丁 宇 刘 婷／编著

中国环境出版集团·北京

图书在版编目（CIP）数据

中国环境保护“走出去”可持续发展报告：区域环境合作政策与实践 / 张洁清等编著. — 北京：中国环境出版集团，2018.8
（“一带一路”生态环保系列丛书）
ISBN 978-7-5111-3314-4

Ⅰ. ①中…　Ⅱ. ①张…　Ⅲ. ①环境保护—研究报告—中国　Ⅳ. ①X-12

中国版本图书馆CIP数据核字(2017)第206591号

出 版 人　武德凯
责任编辑　赵惠芬
责任校对　任　丽
装帧设计　彭　杉

出版发行　中国环境出版集团
（100062 北京市东城区广渠门内大街16号）
网　　址：http://www.cesp.com.cn
电子邮箱：bjgl@cesp.com.cn
联系电话：010-67112765（编辑管理部）
010-67112736（环境技术分社）
发行热线：010-67125803，010-67113405（传真）
印　　刷　北京建宏印刷有限公司
经　　销　各地新华书店
版　　次　2018年8月第1版
印　　次　2018年8月第1次印刷
开　　本　787 × 960　1/16
印　　张　11.25
字　　数　225千字
定　　价　68.00元

前　言

“走出去”战略是党中央、国务院根据经济全球化新形势和国民经济发展的内在需要做出的重大决策，是我国发展开放型经济、全面提高对外开放水平的重大举措，是实现我国经济与社会长远发展、促进与世界各国共同发展的有效途径。近年来，我国“走出去”战略步伐不断加快，规模和效益不断提升，逐渐成为拉动国家经济发展的重要动力。随着我国“一带一路”倡议的实施推进，沿线区域政治和经贸关系的发展与合作必将更加密切。南南合作的不断深化，也将进一步推动中国“走出去”战略的实施。

与此同时，环境问题已成为国际社会持续关注的焦点，推动可持续发展、维护生态安全成为世界各国的共同诉求。2015 年 9 月，联合国 193 个成员国一致通过《变革我们的世界：2030 可持续发展议程》，确定了包括经济、社会和环境三个方面的 17 个可持续发展目标和 169 个具体目标。可以说，妥善解决环境与发展问题已成为实现可持续发展的关键环节和必由之路。近年来，随着国力的增强和国际地位的提高，中国在全球环境与发展领域的影响日益凸显。中国与世界各国在环境与发展领域的交流合作更加频繁和深入，环境保护不仅成为“走出去”的重要内容，也为“走出去”总体战略发挥保驾护航的作用。

为系统回顾和评估中国环境保护“走出去”的历程和成效，总结环境保护“走出去”的经验，为未来环境合作和中国可持续发展提供政策建议，中国－东盟环境保护合作中心组织编著出版了《中国环境保护“走出去”可持续发展报告：区域环境合作政策与实践》。本书对我国历年来在区域环境合作方面的政策和实践进行了全面、系统的梳理和分析，并借鉴主要发达国家开展国际环境合作的经验，提出了中国未来开展区域环境合作的战略构想和路径。

本书分为四篇：第一篇“基础篇”，介绍了中国“走出去”战略构想的形成、发展、特色，从中国“走出去”战略在可持续发展方面遇到的挑战入手，分析了中国环境保护“走出去”的战略地位和重大意义，并解构了中国环境保护“走出去”的丰富内涵。第二篇“经验篇”，选取美国、日本、英国、德国、法国等主要发达国家，介绍了其开展国际环境合作的背景、历程、政策措施、具体行动和项目，并分析其影响、成效和经验，以期为中国环境保护“走出去”的可持续发展提供借鉴。第三篇“实践篇”，系统梳理了中国政府参与和推动区域环境合作的实践，以云南省、四川省和山东省为例，分析和展现地方与企业层面参与区域环境合作的实践和经验，并对中国开展区域环境合作的特点和总体情况进行了总结和评价。第四篇“展望篇”，在前述篇章分析和总结的基础上，对中国未来开展区域环境合作的趋势做出了初步判断，并提出了今后一段时间中国区域环境合作的战略方针、目标、原则、布局及任务，为推进中国环境保护“走出去”可持续发展提出了有针对性的政策建议。

本研究获得了生态环境部国际合作司“环境国际合作及履约行动——双边环境合作项目”的支持，得到了生态环境部国际合作司郭敬司长、宋小智副司长、崔丹丹、穆照经的大力指导，联合国环境规划署驻华代表处涂瑞和代表、蒋南青及国家发展改革委国土开发与地区经济研究所史育龙、北京大学翟崑、中国与全球化智库（CCG）柯银斌、中国政法大学国际法学院林灿铃、国家行政学院车文辉、德恒律师事务所贾辉等专家在本书撰写过程中也提出了宝贵意见。衷心感谢所有为我们提供无私帮助、深刻见解与启示的人们！

摘　要

“走出去”是我国对外开放基本国策的重要组成部分。党的十八大报告提出，要继续加快转变对外经济发展方式、创新开放模式、加快“走出去”步伐。自改革开放以来，从“出国办企业”的构想到《中国国民经济和社会发展第十个五年规划纲要》首次提出“走出去”战略，再到“十一五”“十二五”“十三五”时期逐步从支持有条件的企业“走出去”到加快实施、深入推进“走出去”战略，在总体战略的指引下，以不同目标任务及相关重大配套政策措施的出台为标志，中国“走出去”战略发展经历了酝酿期（1979—2000年）、形成期（2001—2005年）、启动期（2006—2010年）、加速期（2011—2015年），目前已迈入全面推进期。中国“走出去”战略实施于经济全球化蓬勃发展的时期，既是中国积极参与、主动融入经济全球化和世界科技革命的具体体现，也是中国学习借鉴国际先进经验实现自身经济转型、发挥后发优势增加国力的重要途径。经过多年的发展，中国“走出去”的规模和水平不断提升，影响力也逐渐增强，不仅产业覆盖工业、农业和服务业等各门类各细项，更涉及经济、文化、环境等各方面，无论中央层面或地方层面，无论大型央企、国企还是中小型企业或社会团体，都采取各种形式积极参与到“走出去”战略中来，有效促进了中国装备、技术、产品、服务、理念、政策和标准在世界范围内的应用和传播。

全球与区域环境问题和国家政治、经济、安全议题密切相关，全球与区域环境合作更是“走出去”战略的重要内容。目前，我国“走出去”可持续发展面临着一系列的挑战。一方面，绿色发展已成为全球共识，因而各国的环境保护意识日益增强，环保要求不断提高，环境治理进程明显加快，但地区发展仍不平衡与不和谐，导致局部区域环境问题较为突出。另一方面，我国在“走出去”的过程中还存在企业环保责任意识淡薄，环保投入不足，政府监管和约束不到位的问题，一些“走出去”的项目对当地环境造成了负面影响，与我国所承担的国际环境责任和义务不符，给我国国际形象和实际利益带来不利影响。因此，推动环境保护“走出去”，提升我国“走出去”总体战略可持续性的重要性和迫切性日益突出。

环境保护“走出去”是“走出去”总体战略的重要组成部分，积极推动环境保护“走出去”不仅是中国参与全球环境治理的重要途径，也是中国加快融入全球产业布局的必要保障。中国的环境保护“走出去”意蕴广阔，既包括在宏观层面参与全球或区域环境合作，也包括在具体层面开展项目合作和技术产业输出，载体和形式包括“南南”合作、“南北”合作、“南北南”合作、“北南北”合作等，发展中国家与发达国家都是中国环境保护“走出去”的对象。

中国是世界上拥有邻国最多的国家，面临的区域环境问题繁多。开展区域环境合作，加强对话，增进了解，促进信任，可为区域环境问题的解决发挥“创造氛围”和“润滑剂”作用，达到增信释疑和互惠互利的目的，有利于营造良好的周边环境，实现“睦邻、安邻和富邻”。我国作为发展中国家，长期以来是环境国际合作的援助接受方，近年来随着经济的发展，我国的区域环境合作正在由从发达国家“引进来”到向发展中国家“走出去”转型。从长远谋划来看，以南南合作为载体，积极参与区域环境合作并争取主动权，符合我国国家政治与经济利益，是实现中国环境保护“走出去”的重要战略抓手。为此，本书从区域环境合作的视角，特别是中国与发展中国家开展的区域环境合作，对我国“走出去”战略的可持续发展状况进行全景式展示和系统分析，以期为今后中国开展区域环境合作提供战略判断和政策建议。

发达国家与发展中国家和地区开展环境合作的时间较早，美国、日本、英国、法国、德国等国家将与东盟、非洲、拉美的环境合作作为国际环境合作的重要组成部分，根据本国政治外交和经济利益的需要，以参与和发起国际环境机制为主要方式，针对各区域关注的重点领域，以项目为载体，以环境对外援助为切入点，建立和依托本国专门的对外援助机构，广泛而深入地支持和参与发展中国家和地区的环境治理，其成功经验和模式对于推进我国环境保护“走出去”具有重要借鉴意义。

与发达国家相比，我国参与和开展区域环境合作的时间短但发展进程快，自20世纪70年代以来，从最开始的“被动应对”到“积极参与”再到开始“发挥建设性作用”，目前已经步入主动引领并为区域环境与可持续发展做贡献的重要历史阶段。在区域层面，形成了中国－东盟、中国－上合组织、大湄公河次区域、澜沧江－湄公河、中国－非洲、中国－拉美、中国－阿拉伯等多个环境合作机制，开展了众多环境合作项目，促进了区域环境战略对接和政策对话。在地方和企业层面，东、中、西部地区结合自身的优势和特点，开展了不同层次、形式多样的探索和创新，形成了借助机制和地缘优势参与环境政策交流，依托技术和产业优势开拓环境市场与项目，兼顾政策对话与实业合作全面扩展环境合作空间等多种区域环境合作模式。可以看出，我国的区域环境合作呈现出机制化、多元化的特点，在合作过程中重视与国内环境保护发展相互呼应，始终服务于国家外交总体布局，对本国和区域的可持续发展起到重要推动作用。

新形势下，我国的区域环境合作面临着“环境治理在区域治理的地位不断提高、环境污染问题的区域关注不断提升、区域环境治理机制改革迫在眉睫、我国环境治理大国责任凸显”的局面，在国家总体外交方针指导下，中国开展区域环境合作、应对区域环境问题应遵循“相互帮助、协力推进、共同呵护”的十二字方针，由被动地应对区域环境问题带来的各种压力，向“共同责任，积极参与”转变，由环境援助的受援国向共同呵护区域环境、主动为发展中国家提供力所能及的环境援助国转变，以更加积极的态度、更加务实的行动，加强统筹，推动共赢，展示中国责任，为改善本国和区域生态环境质量服务，为解决区域环境问题贡献中国智慧和中国方案，也为2030年可持续发展目标的实现做出贡献。

在具体战略布局和任务推进层面，考虑到中国参与的区域环境合作机制复杂多样，各机制下各方关注点和需求不尽相同，当前与未来一段时期内，中国的区域环境合作既要强化统筹协调，又要强调特点和针对性。对于各区域均关注的需求和领域，可开发、制订统一的行动计划整体推进。如在环境能力建设方面，就可借鉴“中国－东盟绿色使者计划”的经验，设计“中国－南南绿色使者计划”的伞形项目，统筹中国－东盟、中国－上合组织、中国－非洲、中国－拉美、中国－阿拉伯国家等中国与发展中国家区域环境合作机制下的能力建设行动，切实高效地推动发展中国家环境管理能力的提升。而对于各机制下差异化的关切点和发展趋势，则采取“一区一策”的方式进行谋划和布局。对于中国－东盟、中国－上合组织环境合作，依托中国－东盟（中国－上合组织）环境保护合作中心，在原有合作成果的基础上进一步优化合作定位、拓展合作领域，务实推动区域环境合作战略的落实；对于澜沧江－湄公河区域，逐渐将环境合作重点从大湄公河次区域机制转向澜沧江－湄公河对话合作机制，充分发挥澜沧江－湄公河环境合作中心的作用，结合区域内各国环境发展特点，共同推动在生物多样性保护领域的合作项目和科学研究，开展农村地区的生物多样性保护与扶贫合作，并逐步开发出具有区域引导与宣传性的示范项目，同时，呼应澜沧江－湄公河国家在环境可持续城市方面的关注和诉求，推动城市环境管理合作；对于中国－非洲环境合作，在中非合作论坛的框架下统筹整体布局，适时制定发布环境保护合作战略，强化能力建设和技术转让，建立稳定的对非环境援助项目与资金体系，探索建立政府、企业、民间配合的广泛、多层次、可延续的中非环境合作体系；对于中国－拉美、中国－阿拉伯国家环境合作，由于起步较晚，当前可侧重于政策对话与交流，建立中拉论坛下的环境对话交流机制及中阿环境合作机制，加强政策和战略研究，促进信息交换，在扩大共识、增进互信的基础上，探索开展具体合作的优先领域和最佳途径。

为确保上述战略任务的顺利实施和区域环境合作目标的实现，现阶段建议着重从以下几个方面完善政策和支撑体系：一是积极参与和建立区域环境合作机制，扩大影响，争取话语权；二是加强区域环境问题研究，制定重要大国和区域的环境合作战略；三是以对外援助为先导，推动环境保护“走出去”；四是建立多层次多渠道的国际环境合作体系，扩展资金渠道；五是加强国际环境合作协调机制和管理机构建设，国际国内并举、协调发展、协同推进；六是建立环境保护对外宣传机制；七是加大投入力度，加强专业人才队伍建设。

目　录

基础篇 / 1

经验篇 / 29

实践篇 / 105

基础篇

I

BASIS

中国“走出去”战略的提出和形成最初的出发点始于国际化经营战略，以经济的对外投资和合作为主要内容和载体，推动中国企业利用国内和国外“两个市场、两种资源”，通过对外直接投资、对外工程承包、对外劳务合作等形式积极参与国际竞争与合作，实现中国经济的可持续发展。

经过近 20 年的发展，中国的“走出去”战略已从经济领域的资金与技术合作，逐渐向社会、文化等多领域、深层次延伸，其中也包括绿色理念与文化、环境政策与制度、环境技术与标准、绿色产业与产品、环保企业与机构的“走出去”。环境保护“走出去”成为中国“走出去”战略中不可或缺的重要内容。

与此同时，在绿色发展成为共识，全球为实现 2030 年可持续发展目标共同努力的大背景下，中国在“走出去”的过程中也面临诸多环境挑战。环境保护“走出去”不仅有利于促进环境领域的国际合作，推进中国参与全球环境治理的进程并取得话语权，也将为中国“走出去”总体战略的可持续发展提供强有力的支撑与保障。

中国的环境保护“走出去”既包括环境保护理念文化传播、政策制度对话等宏观层面的“走出去”，也包括国际项目合作、人员交流、产业技术对接、环境标准互认等具体层面的“走出去”。由于复杂而特殊的地缘关系，以区域为基础的环境保护国际合作成为中国环境保护“走出去”的先导和主流，并成为中国环境保护“走出去”的具体实践。

1

中国“走出去”战略概况

1.1 中国“走出去”战略构想的形成、发展和特色

1.1.1 中国“走出去”战略思路的形成

改革开放之初，邓小平同志就曾指出：“经验证明，关起门来搞建设是不能成功的，中国的发展离不开世界。”1979 年 8 月，国务院提出“出国办企业”，第一次把鼓励中国企业对外投资作为国家政策。然而，在这个时期，中国经济面临着严重的外汇短缺、资本短缺和供给短缺，“引进来”是对外开放的重点，包括引进国外资本、先进技术和设备、人才，提升出口购买力和供给能力。在 1992 年以前，“引进来”的主要是国外借款、港澳台和海外华人资本等。当时的“走出去”，主要集中在港澳等周边地区发展对外贸易、跨境运输、银行和保险等服务贸易项目，为鼓励出口和促进“引进来”而进行的对外投资活动。同时，新中国成立之初，选择的是内向型工业化发展战略，其特征包括高度集中的计划经济体制、重工业优先发展战略和内向型经济模式。这种战略选择将中国与世界之间的国际联系降到一个很低的水平。因此，改革开放之初，无论是“引进来”还是“走出去”都肩负着一个重任，就是

把世界引入中国并把中国推向世界，促进经济体制转型。

1992 年是中国经济转型和发展的一个重要的转折点。1992 年 10 月，党的十四大明确了中国改革开放的方向是建立社会主义市场经济体制。经过两年的酝酿和准备，1994 年，中国按照市场经济的基本要求启动了以市场为基础的汇率、外贸、外资、金融、计划管理体制改革，极大地解放了社会生产力。到 2000 年，基本解决了外汇短缺、资本短缺和供给短缺，成功地实现了经济起飞，“走出去”成为深化改革开放、融入世界的新要求。为此，党的十五大报告提出：“更好地利用国内国外两个市场、两种资源”“积极参与区域经济合作和全球多边贸易体系”“鼓励能够发挥中国比较优势的对外投资”。这表明，过去的工作重点是“引进来”，培育市场经济因素，启动“边干边学”进程，培养和壮大企业主体，积累参与国际交换和竞争的经验，为“走出去”奠定可靠的物质和技术基础，到这个阶段，“走出去”将成为推动中国对外开放的重要推动力。

2000 年初，在全面总结中国对外开放经验的基础上，“走出去”首次上升到“关系中国发展全局和前途的重大战略之举”的高度。2000 年下半年，党中央关于“十五”计划的建议中，首次提出了“走出去”战略，并与西部大开发战略、城镇化战略、人才战略一起成为当时提出来的四大战略。2001 年，“走出去”战略被首次写入中国的《国民经济和社会发展第十个五年计划纲要》（以下简称《十五“计划纲要》）。一方面，在国内市场对外开放不断深化的同时，鼓励企业通过资本输出而不仅是商品输出、劳务输出的方式进入国际市场，而要在更深层次上参与国际交换、国际竞争和国际合作；另一方面，2001 年，中国正式加入了世界贸易组织（WTO），中国积极参与经济全球化、主动融入世界性科技革命的重大战略部署，要求进一步扩大对外开放，通过“引进来”“本地化”和“走出去”的发展策略，逐步提升“两个市场、两种资源”的综合运作能力。

1.1.2 中国“走出去”政策体系的发展

国家《“十五”计划纲要》提出：“鼓励能够发挥中国比较优势的对外投资，扩大国际经济技术合作的领域、途径和方式。继续发展对外承包工程和劳务合作，鼓励有竞争优势的企业开发境外加工贸易，带动产品、服务和技术出口。支持到境外合作开发国内短缺资源，促进国内产业结构调整和资源置换。鼓励企业利用国外智力资源，在境外设立研究开发机构和设计中心。支持有实力的企业跨国经营，实现国际化发展。健全对境外投资的服务体系，在金融、保险、外汇、财税、人才、法律、信息服务、出入境管理等方面，为实施‘走出去’战略创造条件。完善境外投资企业的法人治理结构和内部约束机制，规范对外投资的监管。”

为此，国家有关部门出台了一系列配套措施，如2003年商务部发布了《关于做好境外投资审批试点工作有关问题的通知》，在北京等12个省市开展下放境外投资审批权限、简化审批手续的改革试点。同期，国家外汇管理局取消了境外投资外汇风险审查、境外投资汇回利润保证金审批等26项行政审批项目，允许境外企业产生的利润用于境外企业的增资或在境外再投资。2004年7月，《国务院关于投资体制改革的决定》改革了项目审批制度，对于企业不使用政府投资建设的项目，一律不再实行审批制，区别不同情况实行核准制和备案制，并明确了国家发展改革委、商务部等部门核准、备案的有关规定及权限。2005年9月，商务部、科技部出台了《关于鼓励科技型企业“走出去”的若干意见》，对科技型企业对外直接投资，包括在境外设立分支机构、投资办厂、设立研发中心、建立科技园、技术入股、跨国并购、对外承包工程、对外劳务合作等活动，制定相关的支持和鼓励性措施。2005年12月，商务部《对外经济技术合作专项资金管理办法》出台，对每个经商务部批准设立的境外经贸合作区，国家给予2亿～3亿元的财政支持和不超过20亿元的中长期贷款。

国家《“十一五”规划纲要》提出：“支持有条件的企业对外直接投资

和跨国经营。以优势产业为重点，引导企业开展境外加工贸易，促进产品原产地多元化。通过跨国并购、参股、上市、重组联合等方式，培育和发展中国的跨国公司。按照优势互补、平等互利的原则扩大境外资源合作开发。鼓励企业参与境外基础设施建设，提高工程承包水平，稳步发展劳务合作。完善境外投资促进和保障体系，加强对境外投资的统筹协调、风险管理和海外国有资产监管。”

为此，政府各相关部门制定了一系列鼓励企业“走出去”的新措施。2007 年 5 月，由国家开发银行 100% 控股的中非发展基金有限公司注册成立，以股权和准股权投资等方式支持中国企业对非洲的海外投资。同年，国家税务总局出台《关于做好中国企业境外投资税收服务与管理工作的意见》。中国有关部门定期发布了《国别贸易投资环境报告》，陆续发布了《对外投资国别产业导向目录》《境外加工贸易国别指导目录》，实施和修订了《对外直接投资统计制度》《境外投资联合年检暂行办法》《境外投资综合绩效评价办法（试行）》《成立境外中资企业商会（协会）的暂行规定》等。2009 年 5 月起实施《境外投资管理办法》，简化、便利和规范了对外投资。2010 年 2 月，商务部等 10 个部门联合出台了《关于进一步推进国家文化出口重点企业和项目目录相关工作的指导意见》。

国家《“十二五”规划纲要》提出：“按照市场导向和企业自主决策原则，引导各类所有制企业有序开展境外投资合作。深化国际能源资源开发和加工互利合作。支持在境外开展技术研发投资合作，鼓励制造业优势企业有效对外投资，创建国际化营销网络和知名品牌。扩大农业国际合作，发展海外工程承包和劳务合作，积极开展有利于改善当地民生的项目合作。逐步发展中国大型跨国公司和跨国金融机构，提高国际化经营水平。做好海外投资环境研究，强化投资项目的科学评估。提高综合统筹能力，完善跨部门协调机制，加强实施‘走出去’战略的宏观指导和服务。加快完善对外投资法律法规制度，积极商签投资保护、避免双重征税等多（双）边协定。健全境外投资促进体系，提高企业对外投资便利化程度，维护中国海外权益，防范各类风险。‘走出去’的企业和境外合作项目，要履行社会责任，造福当地人民。”

2011 年 9 月，有关部门出台了《关于促进战略性新兴产业国际化发展的指导意见》，探索在海外建设科技型产业园区；设立海外研发中心；扶持战略性新兴产业与国外研究机构、产业集群建立战略合作关系。2012 年 2 月，商务部等十部委联合发布了《关于加快转变外贸发展方式的指导意见》，提出加快“走出去”带动贸易，重点是推动国内技术成熟的行业到境外开展装配生产，带动零部件和中间产品出口。2012 年 5 月，国务院办公厅转发国家发展改革委等部门《关于加快培育国际合作和竞争新优势指导意见的通知》。其中强调引导企业在境外依法合规经营，注重环境资源保护，加速与东道国经济社会发展的融合，积极履行社会责任。2012 年 6 月，国家发展改革委出台了《关于鼓励和引导民营企业积极开展境外投资的实施意见》，明确了鼓励和引导性措施。2015 年 5 月，国务院发布的《关于推进国际产能和装备制造合作的指导意见》，提出了推进国际产能和装备制造合作的指导思想和基本原则、目标任务、政策措施，是加快推进中国重大装备和优势产能“走出去”的重要指导性文件。

国家《“十三五”规划纲要》强调：“开放是国家繁荣发展的必由之路。必须顺应我国经济深度融入世界经济的趋势，奉行互利共赢的开放战略，坚持内外需协调、进出口平衡、引进来和走出去并重、引资和引技引智并举，发展更高层次的开放型经济，积极参与全球经济治理和公共产品供给，提高我国在全球经济治理中的制度性话语权，构建广泛的利益共同体。”

国家《“十三五”规划纲要》提出：“发展一批具有国际竞争力的大型节能环保企业，推动先进适用节能环保技术产品走出去。”“深入推进国际产能和装备制造合作。以钢铁、有色金属、建材、铁路、电力、化工、轻纺、汽车、通信、工程机械、航空航天、船舶和海洋工程等行业为重点，采用境外投资、工程承包、技术合作、装备出口等方式，开展国际产能和装备制造合作，推动装备、技术、标准、服务走出去。建立产能合作项目库，推动重大示范项目建设。引导企业集群式走出去，因地制宜建设境外产业集聚区。加快拓展多双边产能合作机制，积极与发达国家合作共同开拓第三方市场。”“鼓励内地与港澳企业发挥各自优势，通过多种方式合作走出去。”

国家《“十三五”规划纲要》要求：“完善境外投资管理体制。完善境外投资发展规划和重点领域、区域、国别规划体系。健全备案为主、核准为辅的对外投资管理体制，健全对外投资促进政策和服务体系，提高便利化水平。推动个人境外投资，健全合格境内个人投资者制度。建立国有资本、国有企业境外投资审计制度，健全境外经营业绩考核和责任追究制度。”“扩大金融业双向开放。有序实现人民币资本项目可兑换，提高可兑换、可自由使用程度，稳步推进人民币国际化，推进人民币资本走出去。逐步建立外汇管理负面清单制度。放宽境外投资汇兑限制，改进企业和个人外汇管理。放宽跨国公司资金境外运作限制，逐步提高境外放款比例。支持保险业走出去，拓展保险资金境外投资范围。统一内外资企业及金融机构外债管理，稳步推进企业外债登记制管理改革，健全本外币全口径外债和资本流动审慎管理框架体系。加强国际收支监测。推进资本市场双向开放，提高股票、债券市场对外开放程度，放宽境内机构境外发行债券，以及境外机构境内发行、投资和交易人民币债券。提高金融机构国际化水平，加强海外网点布局，完善全球服务网络，提高国内金融市场对境外机构开放水平。”

2013年9月和10月，中国国家主席习近平在出访中亚和东南亚国家期间，先后提出共建“丝绸之路经济带”和“21世纪海上丝绸之路”的倡议。2015年3月28日，国家发展改革委、外交部、商务部联合发布《推动共建丝绸之路经济带和21世纪海上丝绸之路的愿景与行动》。该文件从时代背景、共建原则、框架思路、合作重点与机制、中国各地方开放态势等方面阐述了“一带一路”的主张与内涵，提出了共建“一带一路”的方向和任务，号召积极行动、共创美好未来。

“一带一路”倡议从战略高度审视国际发展潮流，统筹国内国际两个大局，提出了以“政策沟通、设施联通、贸易畅通、资金融通、民心相通”为主要内容的合作重点，可以说是我国“走出去”战略在新形势下的发展与升华，为“走出去”战略向纵深发展提供了极为有利的机遇与平台。同时，《推动共建丝绸之路经济带和21世纪海上丝绸之路的愿景与行动》还明确提出要“共建绿色丝绸之路”的理念和要求，提出要在投资贸易中突出生态文明理念，加强生态环境、生物多样性和应对气候变化合作。在鼓励企业参与沿线国家基础设施建设和产业投资中，也明确提出要主动承担社会责任，严格保护生物多样性和生态环境的要求，并规划了一批重点生态环境保护项目。这不仅为“一带一路”倡议本身的实施提供了服务和支撑，也扩展和丰富了“走出去”战略的内涵，更为中国环境保护“走出去”搭建了战略通道和平台。

1.1.3 中国“走出去”战略的特色

经济全球化蓬勃发展是中国实施“走出去”战略的外部环境。经济和贸易自由化、金融市场一体化和区域经济一体化，促进了各经济体之间的相互依赖，提高了全球经济和福利水平，推动了世界经济快速发展。在世界近现代经济史上，经济全球化往往是后进国家加速发展的重要战略机遇期。一方面，开放和市场化、科技创新浪潮、新发展理念的广泛传播，往往会催生出有利于发展的学习效应，增大外来竞争压力对内部旧体制、旧观念的“创造性毁灭”，产生有利于发挥后发优势的趋同效应；另一方面，“走出去”主动参与国际分工、国际交换和国际竞争，是学习先进、缩小差距、实现赶超的重要途径。日本和东亚“四小龙”就是把握住1950—1973年全球贸易和投资自由化的重大机遇而实现了快速崛起，创造了“东亚奇迹”。

2001年，中国正式加入WTO并实施“走出去”战略，正是把握世界经济增长黄金期做出的重要战略部署。一方面，这是中国积极参与经济全球化，加快与国际通行规则接轨，主动融入世界科技革命的极佳机遇和重要途径；另一方面，通过实施“走出去”战略，中国可在较短时间内完成从被动接受国际分工向主动打造国际分工体系转变；从低端制造和低价竞争向中高端制造、现代服务和差异化竞争转变；从简单模仿向科技和市场创新、管理和组织创新转变；从"先污染、后治理"向低碳发展、节能减排、绿色经济转变，从而发挥后发优势，实现国力的赶超。

中国经过30多年的改革开放，初步具备了参与经济全球化的基础和条件。中国经济总量已居世界第二位，外汇储备居全球第一位，2015年，中国境内投资者共对全球155个国家/地区的6 532家境外企业进行了非金融类直接投资，创下对外非金融类直接投资1 180.2亿美元的历史最高值，实现连续13年增长，年均增幅高达33.6%。截至2015年年末，中国对外直接投资存量首次超过万亿美元。

经过多年的快速发展，中国装备制造业取得长足进步，已形成了门类齐全、具有相当技术水平和成套水平的完整产业体系，产业规模超过全球1/3，已连续5年居全球第一。部分装备产品产量位居世界第一，如机床产量占世界的38%，造船完工量占全球的41%，发电设备产量占全球的60%。2014年我国装备制造业出口额达到2.1万亿元，大型成套设备出口额约1 100亿美元。高铁、核电、钢铁、有色金属、建材等行业都具有较强的优势和竞争力。与此同时，中国企业经过市场的历练，规模不断扩大，技术和管理水平持续提高，综合实力大幅提升。2015年世界500强企业中，中国上榜企业达到106家，上榜企业数量稳居世界第二。这些都为我国实施"走出去"战略提供了坚实的基础。

中国的"走出去"战略是全方位、多层次的"走出去"。从产业门类上来看，中国的"走出去"不仅涵盖装备制造等工业门类，还包括农业和服务业的各项细类；从领域上来看，中国的"走出去"不仅注重经济领域的国际合作，也强调在文化、环境等领域的交流与合作；从具体内容上来看，不仅侧重装备、技术、产品和服务的"走出去"，更将理念、政策和标准的输出作为"走出去"的目标；从实施主体来看，既有中央层面制定宏观战略，各省各部门也积极制定相应"走出去"规划，既鼓励大型中央企业、国有企业对外投资跨国经营，也倡导有实力的中小型、其他类型的企业主动“走出去”，还包括推动社会团体、高校、科研机构等“走出去”发展；从实践形式来看，不仅采用产品贸易、成套设备出口、承包工程、投资、收购等传统方式，还充分发挥资金和技术优势，积极开展“工程承包＋融资”“工程承包＋融资＋运营”、BOT、PPP 等合作方式的探索。

纵观中国“走出去”战略发展的过程，可分为酝酿期（1979—2000 年）、形成期（2001—2005 年）、启动期（2006—2010 年）、加速期（2011—2015 年）和全面推进期（2016 年以后），见图 1-1-1。在总体战略的指引下，根据发展阶段和各个时期的特点，将“走出去”的目标和任务分解并融入国家发展的每一个“五年计划”中，各个阶段的目标和任务相互联系而又各有侧重，各个部门围绕阶段目标从各自职能角度制定政策配套措施，落实阶段任务，形成了强大的合力，从而使中国的“走出去”战略能够稳定延续、层层递进地有序、深入推进。

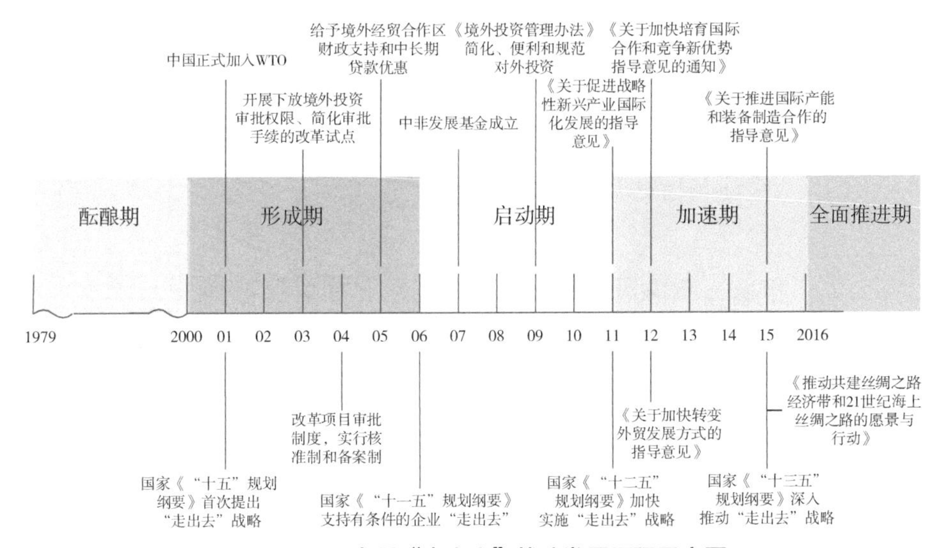

图 1-1-1　中国“走出去”战略发展历程示意图

1.2 中国“走出去”可持续发展面临的挑战

随着“走出去”上升为国家战略，我国对外投资合作近年来增速强劲，投资国别和结构呈多元化发展趋势，“走出去”的规模和效益不断提升，取得跨越式发展。中国企业在“走出去”的过程中，一方面为东道国提供了新技术、新工艺，提高了其发展质量和水平，另一方面东道国对一些项目可能引发的环境风险也表示质疑。尽管从商业角度看，在资源竞争加剧、环境压力严峻的背景下，经济活动的本质就是承担风险，“走出去”就是驾驭风险的过程，但中国企业所面临的风险显得“前所未有”。对此，我们应该有客观、清醒和足够的认识，既要对正面案例加以推广、大力宣传，也要对负面的环境影响加以削弱和控制。

一般来说，境外投资与国内投资在对环境产生影响方面并无实质性的区别，但境外投资的环境影响有着复杂性、敏感性和综合性的特点，集中表现为资金的来源国与流向国面临着不同的政治、经济、法律与外交背景，在环境标准、环境管理和环境意识等方面都有所不同，投资行为所引起的环境问题更容易引起投资所在国家、民众甚至国际社会的注意。这些问题处理不好，不单会影响“走出去”的可持续性，甚至可能会影响国家间的关系，引起国际社会的巨大关注与指责。

1.2.1 绿色发展成共识，“走出去”可持续发展受关注

多年来，中国在推动自身发展的过程中，为应对日益严峻的环境挑战，在环境与发展领域付出了巨大努力，实施了一系列的战略和行动，取得显著成效。加快生态文明体制改革、建设美丽中国等将环境保护与经济发展相融合，开展了可持续发展的探索和实践。这些中国经验不仅是对全球可持续发展的贡献，也将为广大发展中国家提供启示和借鉴。中国在走向亚、非、拉美等较为贫困落后地区的过程中，不仅带去了投资活动产生的技术外溢效应，

也通过不断的政策对话与能力建设活动，与广大发展中国家进行环境合作，共同关注全球与区域的可持续发展。

随着全球生态环境的不断恶化和环保呼声的日益高涨，实现可持续发展成为各国共同追求的目标，发达国家对环保问题的关注空前高涨，纷纷推出新的法律、法规，不断提高本国的环境标准，并设立越来越高的绿色标准，带领全球投资行为进入一个对环境更友善的新纪元。发展中国家，甚至最不发达国家也逐渐意识到发展经济不能以牺牲环境为代价，开始推行可持续发展政策，因地制宜地发展特色经济，注重环境保护，这为我国“走出去”企业提出了新要求。

1.2.2 对外投资集中在高环境敏感地区与环境资源密集行业，受国际关注较高

根据商务部统计数据，我国对外投资目的地相对集中，主要集中在东南亚和拉丁美洲，最近几年，对非洲投资增长迅猛，上述地区多为发展中国家，是中国建设“一带一路”、开展南南合作的主要目的国。这些国家和地区自然资源丰富，但环境敏感度较高，使中国在当地的投资活动承担着较高的风险。同时，这些国家和地区特有的政治、经济、文化和社会情况都与中国有较大差异，特别是部分国家政局复杂、社会动荡、不稳定因素较多，环保议题容易被作为筹码使投资企业被动卷入当地的政治斗争，进而带来不必要的损失；部分国家环境法律和管理体系不成熟、不健全，其不确定性大大增强了企业开展投资风险评估和运营成本评估的难度。

同时，中国“走出去”的行业分布也较不均衡，主要集中在采矿、建筑、木材和基础设施建设等行业。随着中国经济的不断发展，在政府“走出去”政策的不断鼓励下，中国企业积极地在世界各地采购木材、矿产、石油和天然气等自然资源，近些年，采矿业等资源寻求性投资比重更是呈现日益上升的趋势，从结构效应分析，投资于环境资源密集产业，环境冲击明显，当前

的投资结构也使中国的“走出去”受到国际环保组织和西方媒体的关注。

1.2.3 政府监管体系有待完善，有针对性的规范和约束亟待加强

为配合国家“走出去”战略，规范我国“走出去”企业的经济和社会行为，近年来，我国政府相关部门出台了《对外投资合作环境保护指南》《中国企业境外可持续森林培育指南》《中国企业境外森林可持续经营利用指南》等一系列的法律法规、规章制度、政策措施和规划指南等文件，不断完善“走出去”环境管理和保障体系。在绿色金融信贷政策措施方面，一些金融机构也在对外贷款活动中提高了环保和社会方面的保障，对其海外经营活动设置了一系列的环保和社会准则，以管控和规避存在的风险，其中有些准则甚至尚未被其他国际金融机构纳入其贷款项目之中。

目前，我国“走出去”可持续发展的政策监督体系还有待健全和完善。一是对外投资管理整体与国内体系割裂，缺少国内责任主体追溯机制。二是各政府部门对“走出去”战略的可持续发展重视关注程度较高，但各个部门之间的统筹协调性不足，政策措施系统性不强，影响了其效力的发挥。三是各层次政策措施发展不平衡，相关管理文件多以部门规章和政策文件为主，法律法规层面的文件较少，缺乏强制约束力，管理体系化建设有待加强。四是相关管理政策文件中的要求宏观内容较多，实施细则较为缺乏，配套的指标、标准、指南、手册以及适用的管理工具不齐备，在实施层面的针对性和可操作性较弱。五是在政策实施过程中，重前期核准、轻中后期监管，管理环节衔接不畅，跟踪和监测不够，调查研究和数据信息支撑不足，政策手段和市场服务还有待强化，政策落实的效果尚需提升。

2

中国环境保护“走出去”在国家战略中的地位

2.1 环境保护“走出去”与“走出去”战略的关系

2.1.1 环境保护“走出去”，符合我国“走出去”大背景的战略需要，是坚持对外开放方针的重要组成部分

随着经济不断发展和企业实力不断增强，我国将面临更为广泛的国际竞争，在此背景下，我国政府顺应潮流，把视野和目标从国内扩展到全球，提出“走出去”战略，鼓励和支持有条件的各种所有制企业按照国际通行规则开展境外投资，将以“引进来”为主要特征的对外开放战略逐步向以“引进来”与“走出去”相结合的方向转变。

国际金融危机推动世界经济进行大调整，引发了抢占新的科技制高点的大竞赛，并最终将催生具有强大发展推动力的战略性新兴产业。积极发展作为绿色经济载体的环保产业，已经成为当今国际社会应对金融危机、实现经济社会可持续发展的共同选择。任何一个国家要把握时代发展脉搏，不与新科技革命失之交臂，就必须密切关注和紧跟世界经济科技发展的大趋势，大力发展培育战略性新兴产业，在新的科技革命中赢得主动，有所作为。环保

产业作为当今世界发展最快的朝阳产业之一，在环保意识普及且广受重视的今天，充满着蓬勃的商机。

随着世界各国对环境问题的重视程度日益提高，清洁生产技术、环保产品和服务的市场规模也越来越大，当前全球环保产业贸易额在国际贸易各类商品的排名中已上升到第四位，仅排在信息产品、石油和汽车之后。任何一个产业的发展都必须考虑环境保护问题，而环保技术又以直接或间接的方式融合到每个产业的发展之中。

2.1.2 环境保护"走出去"是我国环保产业积极参与国际竞争、营造未来新发展空间的必然要求

以环保产业为主体的战略性新兴产业，是推动经济社会发展的革命性力量，是科技含量高、产业关联广、市场空间大的潜在朝阳产业。2016 年，据国务院发展研究中心课题组测算，未来 3 年，新能源产业产值可达到 4 000 亿元；2015 年，环保产业产值达 2 万亿元，信息网络及应用市场规模达到数万亿元。因此，对中国而言，除了发展装备制造业等传统优势产业外，及早谋划、培育和发展战略性新兴产业，特别是环保产业，抢占经济科技制高点，不仅对巩固和发展中国经济回升势头十分必要，而且对营造国家未来的新发展具有重大意义。

2.1.3 环境保护"走出去"将对国内产业结构调整起到良好的支撑作用，成为反哺国内环保企业竞争力的客观需要

在对外投资的过程中，伴随各行业生产和服务过程的能耗和污染，有可能给当地的资源和环境带来压力和损失，有必要将环保产业作为重要支撑和手段，解决对外投资过程中的环境问题，提升中国企业的国际竞争力，促进对外投资的绿色化和健康发展，为实现互利共赢的可持续对外投资提供保障。

当前，对外投资作为拉动经济发展的重要力量，为我国全面建设小康社

会提供巨大的动力。同时，我国正处于推进产业结构调整和优化升级的重要时期，而对外投资作为产业结构调整与优化升级的重要手段之一，将担负起越来越重要的责任。产业结构的调整和升级，意味着新兴产业的发展和传统产业的逐步衰退。加大环保产业"走出去"的扶植力度，容易形成经济发展与产业结构调整互动的良性循环，环保产业对其他国家所进行的技术寻求性投资也是促进新兴产业良性成长的极为有效的途径，有利于我国环保产业的发展和国际竞争力的提高。

2.2 环境保护"走出去"与"一带一路"倡议的关系

"一带一路"倡议以共商、共建、共享为原则，致力于打造开放、包容、均衡、普惠的区域经济合作架构。"一带一路"建设倡导绿色环保的发展思路，注重社会责任、资源节约和生态环境保护，重视加强可再生资源开发、提高资源利用效率，充分照顾资源有限性与人类需求无限性之间的平衡。"一带一路"建设为中国环境保护"走出去"提供了战略通道和平台，环境保护"走出去"也为绿色"一带一路"建设提供必要支撑和保障。

2.2.1 "一带一路"建设为生态文明理念的传播提供机制与平台

"软实力"已经成为国际竞争的重要内容，成为各国利益博弈的"巧实力"。依托于"一带一路"沿线国家现有的环保合作机制和平台，讲好中国故事，可有力推动中国生态文明理念和制度的传播，宣扬中国环保实践，突出中国环境治理贡献，推动生态环保法律法规、技术标准、环保智库等"走出去"。突出生态文明理念，积极主动构建生态环境责任共同体，优先推动环保企业、产品及资本的输出，最大限度地减少生态环境影响，可以有效落实"义利观""己所不欲，勿施于人"等具有中国特色的外交理念和要求，助力我国"一带一路"建设"软实力"的提升。

2.2.2 “一带一路”建设对环境治理与监管水平提出更高要求

“一带一路”倡议辐射范围广、涉及项目类型多。从空间范围看，“一带一路”沿线经过国家和地区的总人口约44亿，经济总量约21万亿美元；从项目类型看，“一带一路”建设将主要包括能源、资源开发、交通设施建设、经济廊道建设等大型项目和经济开发活动，贸易和投资力度将空前加大，高强度的开发建设容易给脆弱的区域生态环境带来较大压力。

另一方面，“一带一路”沿线国家和地区生态环境相对敏感和脆弱。如中亚地区作为丝绸之路经济带核心区，自然条件极其脆弱，生态脆弱区分布面积大、脆弱的生态类型多、生态脆弱性表现明显，是全球对气候变化最为敏感的地区之一；东盟地区作为海上丝绸之路的重要区域，拥有丰富的生态系统和生物资源，但由于气候变化、森林面积锐减、非法砍伐、外来物种入侵造成生物物种锐减、生态环境破坏、生态系统服务功能丧失等。“一带一路”沿线环境问题呈现不同特点，区域差异明显，“走出去”产业区域梯度转移将会带来资源消耗、环境污染空间结构的变化。同时，这些国家的环保能力相对薄弱，环保技术相对落后，环保基础设施匮乏，环保投入不足，承接产业转移的区域环境压力将进一步加大。

“一带一路”沿线国家虽多为发展中国家，但其环境管理通常参照国际通行或欧美发达国家的体系框架和标准规范，这些都对“一带一路”建设的环保工作提出了更高要求。

2.2.3 “一带一路”建设为环保产业发展带来新机遇

“一带一路”倡议提出的“政策沟通”为我们了解这些国家环境保护的法律法规、政策标准，加强对话与交流，促进我国环保产业“走出去”提供了政策基础。环保本身是公益事业，大力推动生态环保，进一步夯实民意基础，有助于服务“一带一路”倡议的“民心相通”，实现互利共赢。“一带一路”倡议提出“设施联通”，以交通基础设施为核心，加强沿线国家的基础设施建设规划、技术标准体系的对接，其中环境保护基础设施建设也是重要环节之一。

与此同时，“一带一路”倡议提出的“贸易畅通”着力研究解决投资贸易便利化问题，消除投资和贸易壁垒，构建区域内各国良好的营商环境，积极同沿线国家和地区共同商建自由贸易区。在“贸易畅通”中，可以加上更多绿色内容，推动绿色贸易，加大环保产业、环保服务业的出口，鼓励环境产品的贸易流通，实施优惠政策，大力推动绿色供应链发展，搭上“贸易畅通”的快车。

此外，“一带一路”倡议提出“资金融通”，就是要深化金融合作，推进亚洲货币稳定体系、投融资体系和信用体系建设，共同推进亚洲基础设施投资银行、金砖国家开发银行、丝路基金等，以银团贷款、银行授信等方式开展多边金融合作。目前方兴未艾的绿色金融机制，倡议将更多的资金要投向节能环保产业，要求重大项目投资都要考虑环保设施建设需求，实施绿色信贷，无疑为环保产业“走出去”提供了资金保障机制。

3

中国环境保护“走出去”的理论基础

3.1 中国环境保护“走出去”的内涵

为提升改革开放总体水平，自“十五”计划以来，我国大力推动“走出去”战略。随着全球范围内环境议题日益发展为承载国家政治与经济安全的复合体，一国对全球及区域环境合作的参与能力日渐成为国家软实力的重要体现，当前环境保护“走出去”也已成为我国“走出去”总体战略的重要组成部分，并发挥着为“走出去”总体战略保驾护航的重要作用。

环境保护“走出去”意蕴广阔。从具体内容上看，环境保护“走出去”主要包含两个层面的含义，一是通过积极参与全球与区域环境合作，推动中国环境保护理念、制度、政策“走出去”，促进中国对外援助与对外投资的绿色转型等宏观层次的顶层设计；二是国际项目合作、人员交流、环保产业与技术“走出去”等一系列具体层次上的经济输出。

从“走出去”的范围来看，环境保护“走出去”的载体和形式不仅包括“南南”合作，还包括“南北”合作。发展中国家与发达国家都是中国环境保护“走出去”的对象，而“走出去”的内容则因不同类别国家的发展阶段特点而各有侧重。

对于自身环境管理体系尚不完善的发展中国家，“走出去”以制度理念、法律法规、政策、人员、技术输出为主，推广中国环保事业发展过程中一些已有的成熟经验和做法，帮助其建立完善环境管理制度，加强环境管理能力建设。

对于国内环境管理体系发展较为完善而更为关注全球及区域环境治理的发达国家，“走出去”则体现为以对外宣传为主。当前国际舆论在环境保护领域对中国多有诟病，一方面是基于中国当前面临严峻环境挑战的客观事实，另一方面是中国国内环境治理取得的大量成就未能得到很好的传播。为此，针对发达国家“走出去”的重点在于提升对外宣传能力，丰富对外宣传的方式和渠道，推动我国环保工作成效的对外传播，让国际社会了解中国目前在环境与发展领域采取的各项行动，使发达国家理解并认可中国在环保领域的作为和努力，缓解外部压力，塑造负责任的大国形象。

3.2 中国环境保护“走出去”的外延

3.2.1 环境保护“走出去”是中国参与全球环境治理的重要途径

全球治理按领域可以分为政治治理、经济治理、安全治理、环境治理等；按区域分包括全球层面、区域层面、次区域层面、多边和双边层面、国家层面和地方层面等的治理。全球环境治理是全球治理在环境领域的具体运用及体现。环境问题因其跨国性特征而与全球经济、政治等多个领域互相影响，在全球治理中的地位日益上升。

随着环境问题的日益严重，全球治理开始逐步关注环境问题。1948 年在联合国体系外成立的国际自然与自然资源保护联盟可以说是全球环境治理最早的萌芽，它的成员不仅包括政府、政府部门，还有非政府组织。之后，各种非政府环境组织越来越多地关注环境问题，使一些发达国家开始将环境问题提上政治日程并制定了相关法律。同时，各国意识到许多环境问题需要国际层面的行动去解决，从而开始推动国际合作。

1972 年，第一次人类环境会议的召开标志着环境问题正式进入全球治理议程。1992 年联合国环境与发展大会以来，全球环境治理快速发展，国际社会设立了负责全球环境事务的相关机构和机制，开展了应对全球环境问题的无数会议和谈判，制定了众多环境公约、协定和规则，建立了相应的资金机制，针对各种全球环境问题以国家为主体实施了应对全球环境问题的行动，以联合国框架为主体的全球环境治理结构逐步建立和发展。2002 年可持续发展世界首脑会议将全球环境保护的共识和行动推向一个又一个新阶段。国际社会积极推动实施《关于环境与发展的里约宣言》《21 世纪议程》和《可持续发展世界首脑会议执行计划》，各种形式的国际和区域的环境与发展合作深入开展，众多国际环境条约应运而生，全球环境治理的广度和深度不断加强。

当前全球环境治理日益关注多元主体的参与、各个议题领域的交叉等问题。2014 年第一届联合国环境大会、2015 年联合国可持续发展峰会、2016 年第二届联合国环境大会等均将可持续发展作为主要议题。在联合国可持续发展峰会上确立的 17 个可持续发展目标中，有 13 个与环境的可持续发展密切相关，见表 1-3-1。

表 1-3-1　联合国 2030 年可持续发展目标中与环境相关的目标

与资源环境直接相关的可持续发展目标（12 个）	目标 1：消除贫穷
	目标 2：消除饥饿
	目标 3：良好健康与福祉
	目标 6：清洁饮水和卫生设施
	目标 7：廉价和清洁能源
	目标 8：体面工作和经济增长
	目标 9：工业、创新和基础设施

与资源环境直接相关的可持续发展目标（12个）	目标11：可持续城市和社区
	目标12：负责任的消费和生产
	目标13：气候行动
	目标14：水下生物
	目标15：陆地生物

如何协调环境与发展的关系是当前全球治理的主要问题。国际经济活动已经不再单纯为了片面追求经济利益而不顾环境保护，环境因素越来越成为与国际贸易、国际信贷、经济援助等活动密切相关的一个具有举足轻重的因素。不符合环境标准的产品受到限制，逐渐成为国际贸易的一条基本准则，而且环境标准越来越严格，限制的范围也越来越广。近年来，亚太经合组织会议、七国集团会议、二十国集团会议等都把环境问题列入议程。

第一，环境问题日益成为影响全球贸易的重要因素。《马拉喀什协定》明确提出把可持续发展确立为新的多边贸易体制的基本原则和宗旨之一，“为可持续发展之目的扩大对世界资源的充分利用，保护和维护环境，并以符合不同经济发展水平下各自需要的方式加强采取各种相应的措施。”世界贸易组织关于环境的条款分散于农业等数个协定或协议之中，见表1-3-2。世贸组织还成立贸易和环境委员会，负责研究贸易和环境之间的关系，对贸易协议提出修改意见等。

第二，环境问题逐渐进入全球经济治理的议程。作为目前全球最主要的经济治理机制，七国集团（G7）和20国集团（G20）加强对环境问题的关注：2015年G7首脑会议议程中关注气候变化、2030年可持续发展议程以及可持续的基础设施建设问题；2015年G20首脑会议议程中关注全球环境和经济恢复力与可持续发展问题；2016年G20领导人峰会关注创新增长方式、推动绿色金融和包容联动式发展等问题，见表1-3-3。2016年9月4—5日，G20领导人杭州峰会发布公报，指出有必要通过扩大绿色投融资，支持在环境可持续前提下的全球发展，明确提出"欢迎绿色金融研究小组提交的《G20绿色金融综合报告》和由其倡议的自愿可选措施，以增强金融体系动员私人资本开展绿色投资的能力""可通过以下努力来发展绿色金融：提供清晰的战略性政策信号与框架，推动绿色金融的自愿原则，扩大能力建设学习网络，支持本地绿色债券市场发展，开展国际合作以推动跨境绿色债券投资，鼓励并推动在环境与金融风险领域的知识共享，改善对绿色金融活动及其影响的评估方法"。此外，公报还重申致力于通过可持续发展，以及强力和有效的支持和行动应对气候变化。

表 1-3-2　世界贸易组织关于环境的条款

WTO 监管的协定或协议	环境政策条款内容
《贸易技术壁垒协议》	不得阻止任何成员采取或加强为保护人类、动植物的生命或健康所必需的措施
《卫生与植物检疫措施协议》	各成员方政府有权采取必要的卫生与检疫措施保护人类和动植物的生命和健康，使人畜免受饮食或饲料中的添加剂、污染物、毒物和致命生物体的影响，并保护人类健康免受动植物携带的病疫的危害等，只要这类措施"不在情况相同或类似的成员方之间造成武断的或不合理的歧视对待"
《农产品协议》	对于包括政府对与环境项目有关的研究和基础工程建设所给予的服务与支持，以及按照环境规划给予农业生产者的支持等与国内环境规划有关的国内支持措施，可免除国内补贴削减义务
《与贸易有关的知识产权协议》	第 27 条规定了可以出于环保等方面的考虑而不授予专利权，并可阻止某项发明的商业性运用
《服务贸易总协定》	第 14 条"一般例外"中亦允许成员方采取或加强"保护人类活动植物生命或健康所必需的措施"，只要这类措施"不对情况相同的成员方造成武断的或不合理的歧视，或不对国际服务贸易构成隐蔽的限制"

表 1-3-3　G7 和 G20 会议环境议程

会议名称	会议议程
七国集团首脑会议（2015 年）	全球经济与贸易、对外政策、气候变化与能源、发展问题（SDGs）、优良的基础设施投资（可持续发展）、健康、女性
二十国集团土耳其峰会（2015 年）	加强全球经济复苏和潜能提升、增强恢复力、支持可持续发展
二十国集团杭州峰会（2016 年）	创新增长方式、完善全球经济金融治理、促进国际贸易和投资、推动包容联动式发展

全球环境治理主要有国家、次国家政府、政府间国际组织、跨国公司、国际非政府组织、科学机构六大主体。全球环境治理是在科学研究、政治—政策、市场 3 个相互影响的环节中进行的，其功能包括议程设置、建立框架、环境监测、履约核查、规则制定、建立规范、强制执行、能力建设、资金供给 9 个方面。

从全球环境规则制定过程来看，主权国家在全球环境治理中发挥主导作用。因此，全球环境治理与国际政治有着天然的依赖关系。罗马俱乐部于 1972 年发表的《增长的极限》、1974 年发表的《人类处于转折点》两份研究报告表明全球环境问题开始进入国际政治领域。经过一些国际组织如联合国、世界观察研究所、勃兰特委员会的不懈努力，使全球环境问题这一“低层政治”问题在当代学者和政治家心中的地位上升，并成为当今国际政治中的一个热点问题。

当前全球环境治理面临诸多挑战，其中很多与国家间在环境问题上的博弈相关。而全球环境治理机制的发展也主要取决于国家之间在环境问题上的协商和谈判。

《世界环境》杂志盘点 2015 年全球十大环境事件，其中“中美两国携手推动全球气候治理”“中国开始实施‘史上最严’新环保法”等五大中国环境事件位列其中。[①] 环境领域的各国际组织对中国在环境治理中的地位日益重视。联合国环境规划署在第二届联合国环境大会上发布《绿水青山就是金山银山——中国生态文明战略与行动》报告、《北京空气污染治理历程：1998—2013 年》评估报告，高度赞赏中国在环境保护方面做出的贡献。《全球环境展望 5》指出，“全球环境目标的实现实质上依赖于亚洲和太平洋地区协调的政策和行动”“如果全球努力想取得成功，就必须在这一地区（亚洲及太平洋地区）加快应对气候变化的步伐”。[②] 中国是亚洲和太平洋地区最主要的国家之一，中国在环境保护中所做出的努力对于全球环境治理至关重要。

中国的环境保护工作不断取得卓越成效。2010—2015 年，中国在全面推进污染治理、加强生态环境保护、完善环境保护政策法规、提升全社会生态文明意识等方面都取得了卓越的成就，见图 1-3-1、图 1-3-2。

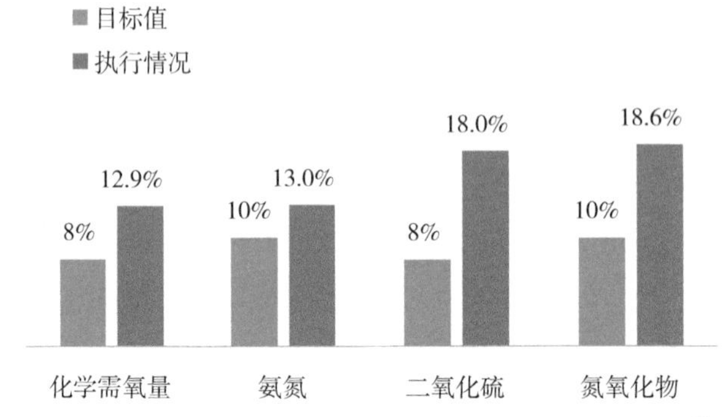

图 1-3-1 “十二五”总量减排约束性指标完成情况[③]

① 赵晓妮、牛彦元：《2015 年度全球十大环境热点事件揭晓，“气候变化”关键词持续升温》，中国气象报社，2016 年 1 月 22 日，http://www.cma.gov.cn/2011xwzx/2011xqhbh/2011xdtxx/201601/t20160122_302702.html

② 联合国环境规划署：《全球环境展望 5》，第 260 页。

③ 《国家环境保护“十二五”规划》《“十三五”生态环境保护规划》。

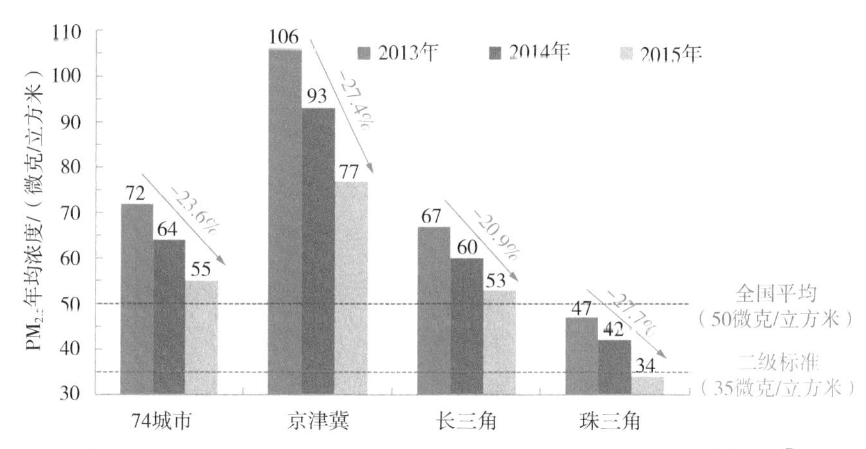

图 1-3-2　2013—2015 年重点城市和地区 $PM_{2.5}$ 浓度变化情况 [①]

3.2.2　环境保护“走出去”是中国加快融入全球产业布局的必要保障

作为“世界工厂”，中国在为全世界生产产品的同时，消耗了大量的资源和能源，使本来就很紧缺的资源供需矛盾更加紧张，对中国的环境造成极大的压力。随着经济全球化背景下国际分工体系的转变和全球产业的转移，中国面临的环境与发展的压力更加显著。同时，中国是世界上最大的发展中国家，解决好中国的环境与发展问题，既是中国经济社会发展的需要，也是对全球环境的重大贡献。

全球环境保护日益表现出制度化的趋势。尽管国际环境制度建设仍有很长的路要走，但对国际规则制定权的争夺已经成为未来国际政治经济关系中一个利益攸关的重大问题。发展中国家开始认识到，在全球化时代，退缩、抵制、置身其外的态度只能暂时缓解压力，最终只会更受其害。只有积极参与其中，并发挥建设性的作用，才能更好地维护自身利益。

当前，绿色贸易壁垒已经成为贸易保护的一个主要形式，但是由于科技

① 《国家环境保护“十二五”规划》《“十三五”生态环境保护规划》。

和信息水平的发展差异，目前主要是发达国家在构筑这种壁垒，通过对进口产品及其生产过程制定复杂的技术标准和法规，以限制或者阻止可能影响本国商业利益的进口。由于发达国家拥有技术、资金等方面的优势，在环保产业作为一种新兴产业具有广阔市场前景的情况下，我们主张将环境问题引入贸易领域，通过构筑绿色贸易法律体系来维护自身经济利益。

在此情况下，中国环境保护“走出去”可以更好地融入全球环保产业布局，加强对以美国、日本、欧盟为主导的环境技术标准体系的了解（表 1-3-4），加快适合中国国情的绿色技术标准体系的建立，推动国内绿色技术研发和产业改造。

表 1-3-4　美国、欧盟和日本主要绿色贸易壁垒

美国	欧盟	日本
绿色环保法律法规	绿色环境标志制度	绿色市场准入制度
绿色环境认证制度	绿色技术标准制度	绿色卫生检疫制度
绿色包装制度	绿色环境标志制度	
绿色技术标准制度	绿色包装制度	
	绿色卫生检疫制度	

经验篇

I

EXPERIENCE

自 20 世纪 70 年代斯德哥尔摩人类环境大会召开以来，如臭氧层的损耗与破坏、生物多样性的减少、森林面积减少和土地荒漠化、海洋与流域水体污染、大气污染以及危险废弃物越境转移、气候变化等区域性或全球性的环境挑战日益引起公众的关注，保护生态环境、走可持续发展之路成为国际社会的共识。环境合作与经济、政治合作紧密联系，成为增进区域互联互信、维护生态安全、促进地区与全球可持续发展的重要支撑。

发达国家与发展中国家和地区开展的环境合作是国际环境合作的重要组成部分，美国、日本、英国、法国、德国等国家在工业化进程中遭遇到了各种环境问题和生态危机，在环境治理领域积累了大量经验，无论是在环境管理还是环保技术方面都领先于发展中国家。开展南北环境合作不仅仅是发达国家对全球环境治理的支持和参与，更是这些国家政治外交的组成部分和为经济利益服务的辅助因素。研究和学习发达国家与发展中国家开展环境合作的经验对推进我国环境保护“走出去”有借鉴意义。

参与和发起建立国际环境机制是发达国家开展环境合作的主要方式，而官方发展援助则是开展合作重要的物质保障。本篇对美国、日本、欧盟等国家和地区开展环境合作与援助的情况进行介绍。

1

发达国家和地区开展国际环境合作的背景

以发达国家为首推动的环境合作在近 40 年的时间里获得了显著发展。综合而言，可以分为如下 3 个阶段：

第一阶段，从 20 世纪 70 年代初到 70 年代末，环境问题获得发达国家的关注。

以 1972 年联合国在斯德哥尔摩召开的人类环境大会为标志性事件，环境问题因全球环境运动思潮而受到广泛关注。在公众的压力下，发达国家开始关注并参与全球环境治理，开展环境合作，且在开发援助项目时开始考虑环境援助计划。

第二阶段，从 20 世纪 80 年代初到 90 年代末，环境合作与援助获得飞跃式发展。

以污水治理、城市环境问题、土壤保持等为主的环境合作项目在 20 世纪 80 年代获得快速发展，而 20 世纪 90 年代则由于 1992 年里约热内卢会议提出了一系列多边环境协议，促使有关国家的对外援助开始逐渐关注多边领域。根据经合组织（OECD）国家数据，1980—1999 年，用于需要严格界定的援助环境项目的资金由最初的每年 30 亿美元增加至 100 亿美元。而实际上截至 1999 年，大约总数有 619 亿美元的环境援助资金通过双边援助的形式直接提供给了受援国，占可统计国际双边援助金额的 8.4%。而在多边领域，以世界银行为例，20 世纪 80 年代初，其可用于环境援助与贷款的资金为 100 亿美元，到 20 世纪 90 年代末这一数字已接近 280 亿美元。1980 年，联合国环境规划署及世界银行等 10 家多边援助机构通过了《关于经济开发中的环境政策及实施程序的宣言》。

随着环境援助项目的增多，考虑到国际影响，以美国为首的发达国家在国内通过立法、法规政策等形式进一步对国际环境援助予以规范。例如，美国国会在 1989 年通过《佩洛西修订案——国际发展和金融法案》，立法要求多边开发银行建立环保部门并对存在潜在环境风险的项目进行环境影响评价。

第三阶段，21 世纪至今，环境合作与援助成为国际政治博弈的重要领域。

从 2002 年的约翰内斯堡世界可持续发展首脑会议到 2009 年的哥本哈根《气候变化框架公约》第 15 次缔约国会议，环境援助已发展成为“国际力量博弈的重要领域”。以发达国家为首的援助国利用气候变化、自然资源开发与保护、东北亚大气环境问题等一系列全球、区域环境问题，将环境援助议题与全球政治、经济问题挂钩。

2

主要国家和地区开展环境合作与援助的情况

2.1 美国的环境合作与援助

1961 年美国制定《对外援助法》，其对外援助的范围几乎覆盖农业、卫生、教育、环境等各种领域，并逐步完善其对外援助法律体系。据经合组织统计，美国自 20 世纪 60 年代起一直是世界上最大的官方发展援助国。对外环境援助是美国对外援助的重要组成部分，其重点关注地区包括东南亚、拉美和非洲等。

2.1.1 美国对东盟的环境合作与援助

对东南亚、南亚等地区的关注是美国地区性环境外交的重点。美国与东盟自 1977 年开始建立对话伙伴关系并开展合作。从 20 世纪 90 年代早期开始，随着二者间贸易与投资、技术转移以及教育等经济合作计划的开展，其发展合作开始迅猛增长，2010—2015 年，美国向东盟提供了 40 亿美元作为双边合作的支撑。在 2015 年美国 - 东盟吉隆坡峰会上，双方升级成为战略伙伴。

环境合作是美国与东盟合作的重要内容之一，涉及的主题有海洋、气候变化、野生动物贸易、生物多样性保护、环境制度与法律框架、空气质量和有毒化学品等。美国国际开发署（U.S. Agency for International Development, USAID）是美国开展对外援助的主要机构，其在环境领域重点关注土地租赁政策与资源产权、防治荒漠化与植树造林、生物多样性保护、气候变化缓解及应对等问题。根据 USAID 在其网站对各援助领域示范项目的统计，美国近几年来在东盟双边环境援助项目中重点关注的主题是气候变化适应与减缓、生态系统保护以及水资源与相关灾害防控，项目分布主要集中在菲律宾和越南，重大援助项目包括岘港机场环境修复挖掘与建设工程、越南森林和三角洲项目、岘港基础环境修复监督与管理建设等，如表 2-2-1 所示。

专栏 2-2-1　美国与东盟环境合作的主要领域及内容

1. 海洋保护

在海洋保护合作方面，美国共计投入了 1 250 万美元开展项目行动，帮助东盟应对过度捕捞与气候变化挑战。USAID 与东南亚渔业发展中心（SEAFDEC）和东盟渔业工作组成为合作伙伴，并提供了 200 万美元的海洋与渔业伙伴基金以强化亚太地区区域合作，对抗非法捕捞和保护海洋生物多样性。同时开展能力建设与政策对话，通过培训、工作会议、咨询等方式支持东盟可持续渔业与水产养殖业，并协助建立对水产业和捕捞业更加有效管理的公私合作体制。

2. 气候变化

美国与东盟发布了气候变化联合宣言（ASEAN-US Joint Statement on Climate Change），USAID 提供了 600 万美元的资金支持。而泰国、越南、印度尼西亚是美国发起全球甲烷行动的参与者和合作伙伴。美国为泰国提供了与减少土地填埋和畜牧业导致温室气体排放有关的技术援助，针对印度尼西亚废弃物和石油行业温室气体排放组织了工作会和调研，在越南主要对农业开展资源评估和推荐农业甲烷减排的技术和实践。

3. 动植物保护

在动植物保护方面，USAID 自 2012 年起开始对柬埔寨、印度尼西亚以及菲律宾开展森林与沿海区域保护合作，并支持东盟野生动植物执法网络（ASEAN-WEN）的建立，在减少消费需求、强化执法以及促进区域合作方面提供帮助。2010—2015 年，美国培训了 3 万多名东盟自然资源管理与生物多样性保护的管理人员。

4. 环境制度和法律框架

针对东盟国家薄弱的环境法律法规和制度框架，美国对一些国家的环境部门开展能力建设合作，包括环境影响评价能力开发与培训、环境执法培训、环境应急准备、环境决策公众参与等各个方面。2001 年，在泰国制定第一个环境公共参与法时美国与之分享了相关经验并在之后的几年培训了 300 余名环境调停员。2013 年和 2014 年，美国环境保护局为印度尼西亚环境官员开展了两次执法培训会。

5. 有毒化学品

美国与东盟国家政府合作，提高对有毒化学品管理的能力。泰国、印度尼西亚和越南均参与了美国环境保护局主办的汞监测研讨与培训会，并且成为会议发起的大气汞监测合作示范网络（MONRE）的重要参与方。该网络在 2014 年建立了汞湿沉降监测站。此外，美国还为“亚太地区土壤和地下水污染修复工作组”提供专家支持。

表 2-2-1 美国对东盟国家官方环境援助重点项目

国家	项目名称	周期	项目总额 / 美元	项目描述
菲律宾	生物多样性和流域改善促进经济增长和生态系统恢复力项目	2012—2017 年	7 815 619	支持菲律宾国家和地方政府保护森林地区生物多样性，减少森林退化，支持低碳发展和减灾
	增强用水紧张社区对气候变化的适应性	2012—2016 年		改善 38 个用水紧张社区的供水、水资源管理、卫生与清洁状况
	低碳路径促进经济增长和可持续性	2014—2018 年	3 688 370	设计能源和交通行业低碳发展战略，支持菲律宾国家气候变化计划和绿色增长战略
	海岸气候变化适应能力：海洋保护区	2012—2016 年		提高 6 个海洋关键生物多样性区域的恢复力
	巴拉望和棉兰老岛自然资源管理和生物多样性保护	2011— 2013 年		提高目标地区几个关键生物多样性区域资源管理能力、环境法律建设以及绿色金融和企业可持续发展
	支持珊瑚三角区伙伴计划	2008— 2013 年		扩大菲律宾现有保护区网络，提高对沿海地区的管理能力，帮助地方适应气候变化
	Danajon 海岸海洋公园项目：菲律宾第一个大规模海洋保护区合作计划	2011— 2013 年		同利益相关方、资源管理者与使用者、非政府组织和地方政府合作，提高对海洋公园的管理能力
	从山脉到礁石：基于生态系统路径促进菲律宾生物多样性保护和发展	2011— 2013 年		保护沿海水生态系统，支持贫困社区生计
	气候变化在菲律宾生物多样性规划与保护过程中的主流化	2011— 2013 年		将气候变化因素纳入菲律宾生物多样性规划和保护过程中

国家	项目名称	周期	项目总额 / 美元	项目描述
菲律宾	海洋保护区管理硕士项目	2011— 2014 年		提供关于对热带海洋生态系统管理的研究生教育项目
	生物多样性保护计划 II	2010— 2014 年	368 450	加强国家和地方能力建设，提高环境执法能力，促进对生物多样性的保护
	减少菲律宾生物多样性和生态系统的威胁因素	2011— 2013 年		加强国家和地方能力建设，提高环境执法能力，促进对生物多样性的保护
	通过基于社区的海岸资源管理方式促进朗不隆海洋廊道修复与保护	2011— 2013 年		重点关注以社区为基础的海岸资源管理，加强小规模渔业捕捞群体的参与，实现对海洋资源的可持续利用和保护
	强化地方政府和社区对气候变化影响的适应力	2012— 2015 年		提高地方政府、公关行业（农业、经济、渔业、林业、自然资源、环境、人民组织、原住民、妇女和特殊行业）及其他利益相关方的参与，加强地方对气候变化的适应力
	规模化关键生物多样性保护区的森林修复	2011— 2013 年		通过修复和管理 8 个重点生物区，提高对生物多样性的保护
	保障水恢复力促进经济增长和稳定性	2013— 2017 年	4 051 113	保障供水安全和卫生服务，提高对与气候变化相关的水灾害抵抗力
	气候风险下的水安全：菲律宾农业适应气候变化战略	2012— 2017 年		向农民传授气候知识、稻田种植中的水资源管理和气候风险管理方式
	菲律宾水周转基金支持项目	2011— 2013 年		为水行业改革提供技术援助
越南	岘港二噁英评估与修复工程规划设计	2009— 2012 年	4 542 276	对岘港二噁英污染和推荐修复技术进行环境评估，开展工程设计规划
	在越南沿海地区建立灾害可恢复性社区	2013— 2015 年	726 542	提升社区意识，帮助居民更加充分地应对灾害。对地方政府开展能力建设，帮助政府更好地满足受灾人群的需求
	中部高原地区基于社区的灾害风险管理	2012— 2015 年	727 680	提高中部高原地区社区居民的知识、意识和应对未来灾害的能力

国家	项目名称	周期	项目总额／美元	项目描述
越南	基于社区的灾害风险管理	2013—2015年	4 300 000	提供培训和紧急救援装备，提高敏感地区社区居民的知识、意识和应对未来灾害的能力
	岘港基础环境修复监督与管理建设	2012—2016年	13 281 600	为机场环境修复提供监督和管理服务，加强越南政府能力建设
	边和航空基地环境评估	2013—2015年	3 711 355	通过环境评估识别边和航空基地二噁英污染并提供场地修复措施建议
	岘港机场环境修复挖掘与建设工程	2012—2016年	31 967 233	修复73 000立方米受污染土壤和沉积物，保障800 000余名居民的健康和安全。为修复技术在更大范围上的应用进行测试
	洪水模型和早期预警能力开发	2012—2015年	1 371 379	在越南中部建立起中央层面洪水灾害早期预警与决策管理体系
	下龙－吉婆城市联盟	2014—2017年	972 457	建立下龙和吉婆两地间政府、工商业、社区领导者之间的伙伴关系，更好地保护两地的自然完整性
	姐妹城市防灾准备计划	2013—2016年	699 700	借助海防港－西雅图姐妹城市关系，为海防港提供技术专家，强化城市防灾减灾与恢复能力
	越南清洁能源项目	2012—2017年	9 041 758	联合7个越南快速工业化省份，削减温室气体排放和气候变化影响
	越南森林和三角洲项目	2012—2017年	21 458 874	实行国家政策和战略应对气候变化、促进低碳发展，主要关注林业和农业排放削减及强化气候友好型的生活方式
	岘港机场热脱吸附法环境修复	2012年	1 336 486	采用热脱吸附法处理基础二噁英污染土壤

资料来源：美国国际开发署网站，访问时间：2016年8月10日。

2.1.2 美国参与湄公河环境合作

自美国前总统奥巴马上台以来，美国对东南亚地区的关注重新列入“核心阵线”。

2009 年，美国国务卿希拉里与柬埔寨、老挝、泰国及越南的外交部长举行了美国与湄公河下游国家的首次部长级会议，重点讨论了环境、健康、教育和基础设施发展等领域共同关注的问题。

2012 年 7 月 13 日，第五届湄公河下游四国 – 美国外长会议暨第二届湄公河下游之友外长会议（FLM）在柬埔寨首都金边举行。在该会议上，美国国务卿希拉里表示：“我们准备投资 5 000 万美元用于开展到 2020 年的《湄公河下游倡议》。这笔投资额是我们已对该地区各国提供援助款项以外的。”

2013 年 7 月 1 日，第六届湄公河下游四国 – 美国外长会议暨第三届湄公河下游之友外长会议在文莱首都斯里巴加湾市举行。美国又提出，将在环境保护和水资源管理方面加强与湄公河下游国家的对话和信息交换，鼓励自然资源管理方面的政策制定和项目开展，着重强调了跨行业、跨界的问题。

2013 年 11 月 6 日至 7 日，湄公河下游倡议工作组第五次会议在柬埔寨暹粒省举行，会议的主要议题是制订有关计划和具体活动方案，以落实美国关于 2013—2014 年向柬埔寨、老挝、缅甸、泰国和越南的基础设施互联互通、粮食与能源安全、教育、卫生等领域提供 5 000 万美元援助的承诺。美国的能源、农业、环境、卫生等领域的权威专家在会上承诺，在制订湄公河下游的有效和持续合作计划过程中，向湄公河下游五国同行转让技术和传授经验。

2014 年 8 月 9 日，第七届湄公河下游倡议（LMI）的外长会议暨第四届湄公河下游之友外长会议（FLM）在缅甸内比都举行。会议继续加强六大支柱的计划（农业与粮食安全、互联互通、教育、环境与水源、医疗卫生）以及交叉领域方面问题的合作。

2015 年 12 月 15 日至 16 日，越南外交部与美国国务院在河内联合举行第八届湄公河下游倡议工作组会议和第一次湄公河下游倡议朋友群工作组会议。来自柬埔寨、缅甸、泰国、越南等湄公河下游国家和美国、澳大利亚、日本、欧委会等湄公河下游倡议的朋友群等 150 名代表出席会议。

本届会议也就同湄公河下游倡议朋友群在展开项目中的协调配合方式，解决在确保水源、能源和粮食安全的平衡中所面临的挑战，动用各种资源促进私营企业积极参加湄公河下游倡议合作机制等问题交换了看法。

目前，美国与湄公河五国设定共同的长期重点目标包括：认识气候变化造成的影响和如何有效应对；防治传染病；扩大技术在教育和发展领域的应用，特别是在农村地区；发展基础设施。具体包括：

- 扩大环境投入。其中，美国仅在 2009 年就为该流域地区的环境项目投入 700 多万美元，主要用于促进以可持续的方式利用森林和水资源，改善获得安全饮水的途径，保护湄公河流域的生物多样性。
- 建立流域环境管理合作关系。湄公河委员会（Mekong River Commission）与密西西比河委员会（Mississippi River Commission）建立“姊妹河”合作关系计划，在适应气候变化、水旱灾控制、水力发电及环境影响评价、水源需要及食品安全、水资源保护与管理以及其他共同关注的领域进行经验交流。
- 增强环境教育。美国 2014 年与湄公河国家教育有关的援助总额达到了近 1 500 万美元。美国在该地区支持 1 000 个学生的学术交流项目，其中不少于 20% 的名额用于环境领域的教育培训。

专栏 2-2-2
2013—2015 年美国计划在湄公河次区域开展科技项目

由美国国际开发署（USAID）资助的“可持续发展的湄公河”（Sustainable Mekong）计划，主要为满足“湄公河下游行动计划”国家政府的基础设施技术援助需求提供支持。其中的湄公河环境伙伴项目（Mekong Partnership for the Environment）将动员公民社会和私营企业参与支持智能基础设施建设，通过与美国国际开发署和美国国家航空航天局（NASA）的合作来支持更好地利用和规划土地，并计划基于地理信息系统（GIS）和遥感（RS）技术开展自然资源管理方面的能力建设。

美国通过 2014 年在曼谷召开的“水利基建应对措施的对话沟通”（Nexus Dialogue on Water Infrastructure Solutions）研讨会，扩大了水、食物和能源管理的区域合作。

美国国际开发署资助的“绿色湄公河”（GREEN Mekong）计划，旨在提高湄公河下游国家政策制定者和基层利益相关者的能力，有效地参与基于森林的国家和区域减缓气候变化研究，加强区域合作，并促进信息共享和网络建设。

2.1.3 美国对拉美和加勒比国家的环境合作与援助

拉美地区是美国传统的势力范围，美国对拉美地区事务拥有巨大的影响力。美国的拉美政策对于美国在这一地区的影响力的形成具有重要的作用。21 世纪以来，拉美地区民主政治的稳定，经济社会不断发展，民族主义和自主意识不断增强，加上众多拉美国家左派纷纷上台执政、发展壮大，拉美的反美浪潮接连不断，美拉关系渐行渐远，并在小布什政府末期跌到了历史谷底。2009 年奥巴马政府上台后，面对小布什政府任内美拉关系的恶化现实，对美国的拉美政策作出了新的调整，美拉关系有了新变化。奥巴马政府提出“重塑美国在美洲的领导地位”与建立新的“美洲联盟”，改善美拉关系为其政府的重要目标，承诺在其任内将使美拉关系掀开新的篇章，加强与拉美国家的合作，增加对拉美的援助，直接与古巴和委内瑞拉等国家开展对话等。奥巴马在拉美地区的主要经济策略是推行 FTA（双边自贸协定）与 TPP（跨太平洋战略伙伴关系协定），最终实现美国主导下的美洲自由贸易区。目前，美国已经与 1/3 的拉美国家签署了双边自贸协定。目前美拉双边贸易额中 2/3 的份额由与美国签署双边自贸协定的拉美国家所占。环境合作与环境援助作为缓解双边关系的润滑剂也得到了重视并在双边贸易与投资协定中得到充分的显现。美国同拉美多个次区域和国家签署了相关环境合作协议，以减少与贸易相关的负面环境影响，促进贸易双方环境与可持续发展领域的合作，同时，通过签订协议建立起双边和多边环境合作机制。

2003 年美国政府和智利政府签署了自由贸易协定并同时签署了环境合作协定，旨在在扩大的贸易投资关系的背景下保护环境和促进可持续发展。在协议基础上，美智两国开展了若干环境合作项目，包括：

- 改善 600 万公顷土地的自然资源管理并建立起两国 3 个国家公园间的姐妹协议；
- 碳减排方面，削减了橄榄油行业 17.96 吨碳排放；
- 能力建设方面，推动了 30 000 余名社会公众在环境决策和执法中的参与，培训了 300 多名自然资源管理、生物多样性保护以及环境执法人员；
- 工业环境保护方面，分享矿业行业环境风险与管理实践，推动私营行业清洁生产伙伴关系建设；
- 可持续旅游业方面，双方共同开发了公园基础设施设计建设框架，减少景区开发过程中的负面环境影响并给地方社团带来经济效益，项目提高了 7 个自然保护区的规划管理，促进了可持续旅游业；

- 水资源管理方面，安装了 3 套冰川融化监测装置，强化水资源管理；
- 森林火灾方面，在 Torres Tel Paine 公园部署了火灾紧急响应队，加强对森林火灾的应急救援等。

2004 年，美国同哥斯达黎加、多米尼加、萨尔瓦多、危地马拉、洪都拉斯五个中美洲国家签署了自由贸易协定，次年又签署了《美国与哥斯达黎加、多米尼加、萨尔瓦多、危地马拉、洪都拉斯政府的环境合作协议》，共同推进对环境与资源的保护。协议中明确了建立环境保护合作框架，在技术和经济援助的支持下，开展学术、非政府组织、工业与政府间人员交流，强化能力建设，强化对环境政策和标准的发展、实施以及评估。美国与中美洲国家联合开展项目行动，开展技术与实践示范以及研究成果的应用。在框架下建立合作伙伴关系，共同开拓渠道，促进政府和民间环境信息数据的共享以及分享环境保护的最佳实践经验。开展环境政策、法律、条例、指标、国家环境计划、机制的实施以及其他双方认同的各种交流合作。

协议各方成立了多米尼加－中美洲－美国环境合作委员会，派遣政府代表担任委员。委员会主要职责是：确定机制框架下的优先行动领域；开展行动，达成机制所设定的各个目标；监察和评估合作活动；为提高合作程序提供建议与指引等。委员会每年举行会议，委员会主席实行各国轮值制。

美国－拉美环境合作框架下最先确立的优先合作领域有强化各方环境管理体系，包括加强制度和法律框架建设，加强环境法律法规及政策标准建立、实施、管理等方面的能力建设；开发和促进有利于环境保护的各种弹性、自愿性激励与机制，如能够促进环境管理的市场激励或是经济激励措施；为应对目前和正在产生的各种保护与管理问题增进合作伙伴关系，包括人员培训和能力建设；在国际贸易中保护和管理协议方共享的或是迁徙与濒危物种、海洋和陆地保护区；信息交流和确保国内履行所签署的多边协议；推行环境可持续管理最佳实践；促进技术发展与转移，通过培训，促进清洁生产技术的适用、运行以及维保；开发和促进环境友好产品与服务；加强能力建设来推进环境决策过程中的公众参与等方面。

在多边协议的框架下，各国可以签署双边协议作为总协议的补充，以进一步推进机制目标的达成。机制框架下开展环境合作的资金来源于开展活动的各方共同出资；参与活动的组织、机构、部门自行承担，私营部门、基金会或是国际组织捐助等。

近期，美国致力于在协议框架下为相关国家提供环境影响评价技术援助，强化他们的环评准备与决策能力，主要包括针对国别和地区的环境影响评价改革、地理信息系统网络工具技术方法援助、环评程序与管理追踪、环评导则技术评审等。此外，已经开展的项目还涉及危险物质与化学品管理、城市空气质量管理、土地利用和土地覆盖制图等。

2009 年美国与秘鲁签署了贸易促进协定，其第 18 章环境条款中对与贸易投资相关的环境保护相关问题做出了规定并有环境合作章节，规定了：

- 双方认同需要在强化贸易投资关系的同时注重环境保护能力建设和促进可持续发展；
- 双方一致认为应扩大关于环境问题的合作，达到环境目标，发展和改善环境保护实践和技术；
- 双方约定共同开展环境合作行动，环境合作委员会对各项行动进行监督与协调；
- 环境合作中双方都需要考虑社会公众的意见和建议；
- 双方分享贸易协定与政策带来的与环境影响有关的信息。

专栏 2-2-3　美国与中美洲国家环境合作的主要领域

1. 废水管理模型

美国为 5 个国家开发废水管理区域模型提供技术援助，每个国家都已着手实施废水管理计划，运用提供的工具，根据地区的主要行业确定废水排放指标。美国环境保护局根据 ISO 17025 水质标准对废水实验室进行培训，并为中美地区指定了技术手册。

2. 固废管理

通过促进各个国家信息交流和培训活动改善与固废管理相关的环境规章政策和程序，并减少国家之间标准的差异。美国提供的培训主题包括卫生填埋监察和审计、卫生填埋和固废管理规章政策和程序建立、甲烷捕集与利用以及露天填埋场处理示范项目等。

3. 低碳发展战略 – 能力强化

为哥斯达黎加提供交通行业温室气体清单制定、排放标准、削减燃料含硫量以及经济效益分析的技术援助。

4. 环境执法与守法

通过培训和信息交流提升协议国家的能力水平，重点包括强化环境犯罪调查能力和环境违法的司法回应。

2009 年 7 月，双方签署了环境合作协议，对机制建立、合作重点进行了更加详细的规定。在合作机制建立方面提出合作可以通过双边或是地区活动进行，从以下几个方面开展但不仅限于此：以强化、实施和评估环境与自然资源政策、实践和标准为目标的研究机构、非政府组织、工业和政府的人员交流与互访；组织会议、研讨、培训与教育课程；技术与实践示范、应用研究或报告成果等的项目与活动开发；建立学术机构、产业、政府、政府间组织和非政府组织间产学研结合伙伴关系和渠道，促进环境信息数据及最佳实践的交流；环境政策、法律、标准、规范、指标、国家环境项目执行机制等方面的收集、公开与交流，以及其他双方认同的合作方式。

协议规定，美秘双方建立并参与环境合作委员会，并且各指定政府官员作为委员会中的代表。委员会的职责包括：确定合作优先领域；根据优先领域制订工作计划；检查和评估合作项目与活动；为提高合作提供建议与指导；开展双方同意的其他活动。委员会主席实行轮值制，每年召开一次会议，委员会所有决定须征得双方国家代表的共识。

协议中明确的合作重点包括但不限于：强化国家与地方环境治理和管理，促进环境与自然资源法律法规与政策开发、实施、监测以及执行的能力建设；强化对自然资源的保护与可持续利用；推行生物多样性资源的保护与可持续利用机制，防控外来物种入侵；开发与推行各种缓解保护激励措施；促进更加清洁、效率更高的生产技术流程的开发、转移、利用与运营；强化双方对多边环境协定的履约执行；促进环境产品与服务国内行动的开发与施行；推广环境与自然资源决策和执法公共参与及信息公开能力建设；强化与贸易投资协定环境影响审查和评估的能力建设；促进清洁能源、可再生能源的利用。

美国和巴拿马政府还签订了贸易促进协定。作为协定的补充双方于2012年签署了环境合作协定，确立了双边环境合作框架。协议以美国－中美洲国家环境合作协议为范本，确立了合作的重点和优先领域、组织机构和机制相关内容。其中优先领域包括：强化双方环境管理体系，包括加强环境法律法规、标准政策制度框架以及能力开发；开发多种灵活的、自愿性的环境保护激励手段；建立保护和管理伙伴网络，包括人员培训和能力建设；保护和管理共同物种、迁徙物种和濒危物种，加强对海洋和陆地保护区的管理；强化多边环境协定履约能力；分享可持续发展的良好实践和环境管理方法；发展和促进环境产品与服务；促进环境决策过程中的公共参与；增进信息和经验交流；以及其他双方同意的领域。关于双边环境委员会的建立和规定同其他双边环境合作协议一致。

2013 年 4 月，美国与哥伦比亚国家政府签订了双边环境合作协定，并制订了协定框架下的 2014—2017 年项目工作计划。计划中明确了环境合作的长期目标是：确保与美国－哥伦比亚贸易促进协定中的环境章节一致；保护环境与自然资源；加强环境教育、促进环境决策中的公共参与和信息公开；气候变化减缓与适应；加强环境守法理念，提高环境绩效。优先领域和目标包括：

强化环境法律法规的有效实施；推动环境资源包括生物多样性和其他生态系统服务、保护区和重要生态系统的可持续与包容性管理；鼓励低碳发展，提高气候变化恢复力以及推行良好的环境实践与技术。

作为美国官方援助的主要实施机构，USAID 在拉美与加勒比地区开展了很多官方的环境援助项目，重点领域包括气候变化、自然资源保护与管理（包括森林、水资源、生物多样性）、清洁与可再生能源、土地利用等几个方面，涉及援助资金仅 3 亿美元。重大项目包括涉及 7 个国家的气候变化项目、减少由于森林退化导致的温室气体排放增加（REDD+）项目、亚马孙流域的环境治理与森林管理项目等，如图 2-2-1 和表 2-2-2 所示。

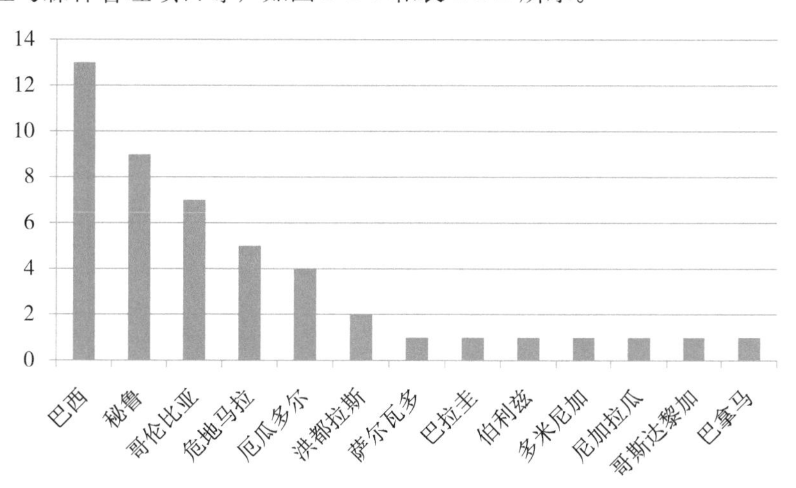

图 2-2-1　美国在拉美与加勒比地区的官方环境援助项目分布

表 2-2-2 美国对拉美和加勒比国家官方环境援助重点项目

国家	项目名称	项目周期	项目金额/美元	项目描述
伯利兹、多米尼加、危地马拉、洪都拉斯、尼加拉瓜、哥斯达黎加、巴拿马	区域气候变化项目	2013—2018年	15 956 722	区域气候变化减缓与适应技术援助
危地马拉	危地马拉气候、自然和社区	2013—2018年	21 032 600	减缓危地马拉气候变化，改善对自然资源的管理和对生物多样性的保护
	危地马拉低碳排放发展战略	2014—2019年	3 716 186	支持危地马拉政府建立低碳发展战略，加强制度能力建设
	参加与美国政府签订的森林服务协定	2015—2017年		提供能力建设和制度强化增进危地马拉政府对自然资源的管理能力
	强化对玛雅生物圈保护治理能力	2010—2020年	2 000 000	强化政府对玛雅生物圈的保护，包括加强跨国界跨行业交流合作、强化治理和执法能力以及对长期可持续发展工具的运用
洪都拉斯	ProParque	2011—2016年	19 760 868	Proparque 是一个经济增长与自然资源保护项目，目的是在促进洪都拉斯经济与社会增长的同时实现对自然资源的良好管理
萨尔瓦多	区域清洁能源行动	2011—2015年	11 238 149	增进萨尔瓦多清洁能源的开发和使用能力

国家	项目名称	项目周期	项目金额／美元	项目描述
哥伦比亚	BIO-REDD+	2011—2014 年	27 900 000	支持哥伦比亚政府减缓和适应气候变化的能力，保护生物多样性和促进经济增长
	哥伦比亚清洁能源项目	2012—2017 年	18 700 000	通过发展项目支持、技术援助以及环境改革增强哥伦比亚对可再生能源的利用和促进能源效率的提升
	保护哥伦比亚	2010—2014 年	730 000	建立 500 000 公顷的新保护区，支持政府和公众对国家保护区系统的认识
	保护风景地貌项目	2009—2013 年	11 600 000	加强哥伦比亚保护区的制度能力、治理、生物多样性与自然资源保护，建立环境友好型可持续生计
	Nudo de Paramillo 学校的太阳能计划	2012—2013 年	399 000	为地区 26 所学校提供太阳能装备
	生存用水	2010—2013 年	303 791	支持哥伦比亚西南部甘蔗种植区生态系统服务支付监测计划的发展与实施
	流域监测行动	2012—2015 年	1 500 000	加强 Cauca 河与 Magdalena 河流域水文、气象与环境监测与研究能力
厄瓜多尔	原住民土地一体化管理	2012 年		划定土地边界，提供管理培训，帮助厄瓜多尔与哥伦比亚边界原住民的生态可持续经济增长，减少边境地区冲突
	可持续森林与海岸	2009—2014 年		保护关键栖息地的生物多样性
	一体化市政发展	2007—2014 年		帮助地方政府改善社会基础设施的生产力，最大化水与健康基础设施的影响范围
	通过保护水资源保持生物多样性	2007—2012 年		加强地方政府对流域的管理能力，促进生物多样性保护和可持续生产能力

国家	项目名称	项目周期	项目金额 / 美元	项目描述
秘鲁	适应气候变化：加强秘鲁高地和低地的人民与环境的联系	2009—2012 年		增强秘鲁对气候变化的适应能力
	亚马孙森林行业计划	2011—2016 年	24 840 001	建立国家和地区层面的制度和技术基础，促进对森林生态系统与生物多样性的可持续管理
	Colán 山脉保护	2013—2016 年	660 000	帮助保护 Colán 山脉生物多样性，优化对自然资源的使用
	加强 21 世纪 Madre de Dios 区域环境管理能力	2011—2016 年	5 002 033	在 Madre de Dios 区域减小掘金业的环境影响，提高高速公路沿线、基础设施周边的自然资源管理以及强化气候变化适应能力
	环境管理与森林治理支持行动	2011—2016 年	34 499 864	改善森林治理，强化制度、技术以及法律，提高对自然资源的有效管理
	Madre de Dios 原住民领地自然资源使用和冲突削减项目	2012—2014 年	731 796	通过加强区域原住民、农民以及小矿主对自然资源的合理管理，减少他们之间的冲突
	环境部强化项目	2012—2016 年		对秘鲁环境部提供技术援助，加强他们应对与国家自然资源（包括亚马孙雨林）保护与管理相关的环境挑战能力
	加强秘鲁南部地方政府与组织对气候变化的适应能力	2011—2014 年	1 240 802	促进秘鲁南部安第斯山脉自然资源管理与农业耕种最佳实践，帮助家庭和社区适应和应对气候变化
	安第斯亚马孙保护计划的支持机构	2014—2017 年	58 652 718	支持机构作为秘书处，为保护计划提供项目管理、知识管理、交流、监督以及评估支持
巴拉圭	Ka’ aguy Retâ: 森林与发展	2010—2013 年		通过给畜牧主提供替代收入方案，减小对森林的压力

国家	项目名称	项目周期	项目金额／美元	项目描述
巴西	巴西亚马孙公共土地生物多样性保护	2011—2013年	4 400 000	提高对巴西亚马孙公共土地的治理、生物多样性保护以及环境管理，包括保护区和原住民土地
	巴西商业与生态系统伙伴关系	2011—2013年	350 000	支持私营行业对巴西亚马孙生物多样性保护
	清洁和可再生能源	2009—2012年	4 806 000	支持能够同时增加能源服务又能减少负面环境与气候变化影响的各项活动，促进经济增长与减贫
	巴西亚马孙种族－环境廊道	2009—2012年	5 188 903	建立种族－环境廊道，促进生物多样性保护和可持续自然资源管理
	森林企业集聚	2007—2013年	9 970 000	与巴西国家和地区森林管理机构联合，通过能力建设和森林监测促进对自然资源的可持续管理
	环境边界治理	2010—2013年	500 000	提高位于巴西亚马孙地区的大豆和牛肉产品供应源的农业生产者对环境资源的可持续管理
	深度参与研究伙伴关系	2012—2013年		支持巴西科技研究机构对亚马孙和原住民土地上的生物多样性保护研究
	公私行业伙伴关系：Mais Unidos集团	2007—2013年		USAID创建了美国使馆与100多个在巴西的美洲企业联盟：Mais Unidos集团
	巴西REDD+	2011—2013年	4 000 000	支持市政机关削减与土地利用改变相关的排放
	可持续地貌项目	2010—2013年	2 650 000	同美国森林部门联合，提高巴西政府、研究机构和地方组织的制度能力，促进他们更加有效地监测和报告温室气体排放以及气候变化减缓国家战略计划的实施
	可持续供应端伙伴关系计划	2012年	200 000	通过提高巴西咖啡行业小业主的可持续性促进巴西可持续地理地貌的保护与重建
	SAID－巴西－巴西合作机构三方合作	2010—2014年	3 680 000	是奥巴马政府全球饥饿和食品安全行动“养育未来”的一部分

资料来源：美国国际开发署网站，访问时间：2016年8月1日。

2.1.4 美国对非洲的环境合作与援助

美国与非洲在环境领域的合作以官方环境援助为主，自 1949 年美国杜鲁门（Harry S. Truman）政府出台《第四点计划》（Point Four Program，即《技术援助和开发落后地区的计划》）之时，非洲就被列为美国的重点援助对象。美国对非洲的援助一直以来都受到了美国在非洲的利益所驱使，服务于美国的外交政策和全球战略。进入 21 世纪后，出于全球反恐战略、实现美国能源进口多元化战略维持能源安全的需要，以及大国在非洲博弈的考量等多重因素，美国对非洲的官方援助规模明显增大，援助的金额较之以前也大大增加。2000 年，克林顿政府通过了《非洲增长与机遇法案》，该法案主要是关于对撒哈拉沙漠以南的 48 个非洲国家提供贸易方面的优惠政策的法案，是美国对非洲经济援助方面的重要法案。在布什政府时期，美国对非洲提供的海外援助就增加了 3 倍以上，而此期间美国与非洲的贸易总额总体上是不断快速增长的，特别是 2000 年后非洲对美国的出口量一直在增加，占其对外出口总量的比重也一直在增加，始终保持在 20% 以上，甚至高达 29% 左右。环境援助作为总体援助的一部分，服务于并可反映出美国的地区政策。

美国对非援助具有“项目时间跨度大（基本都是 4 年以上的有效期）、涉及部门多（充分调动美国国家部门间的合作、与基金会的合作以及与国际组织的合作）、对全球性问题的关注度上升”等特点。就环境领域而言，美国设有专项的基本环境保护援助资金，用于推动非洲国家的生物多样性保护、发展可持续生产与清洁环境和应对气候变化等。2011 年，美国仅对肯尼亚、卢旺达、埃塞俄比亚三国进行双边生物多样性援助的项目就达到了 1 000 多万美元。根据对 USAID 网站资料的统计，美国对撒哈拉以南的 23 个非洲国家开展了双边或是区域性官方环境援助项目，重点围绕清洁水与卫生、生态恢复、生物多样性、气候变化等若干领域，肯尼亚、刚果（金）、埃塞俄比亚是接受美国环境援助最主要的国家（图 2-2-2），近年来项目统计如表 2-2-3 所示。

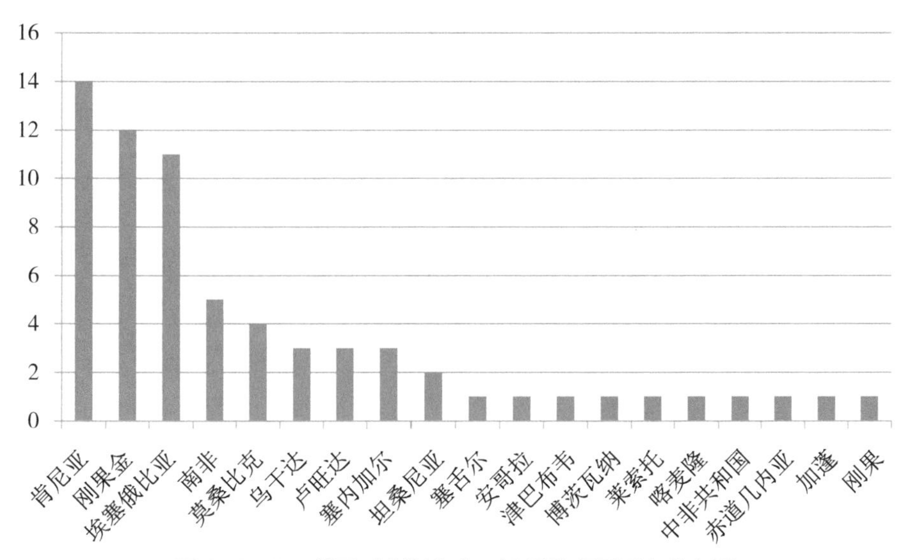

图 2-2-2　美国对非洲官方环境援助项目国家分布图

表 2-2-3　美国对非洲官方环境援助重点项目

国家	项目名称	项目周期	项目金额 / 美元	项目描述
塞内加尔	PEPAM	2009—2014 年	20 958 829	提高塞内加尔农村、小城镇和半城镇地区的可持续清洁水供应和卫生
	美国地理测绘协定		4 916 508	森林 / 土地利用、矿业与土地覆盖遥感图像
	YOKOUTÉ: Diurbel 早期恢复项目	2012—2013 年		
埃塞俄比亚	Oromia 地区社区应对自然灾害恢复能力建设	2013—2016 年	543 971	提高地区人民应对干旱的能力
	提高 Hawassa 城市废物管理能力	2013—2016 年	467 774	提高 Hawassa 城市供水、环境健康、清洁卫生服务
	强化水行业工作组	2015—2017 年	801 900	为埃塞俄比亚政府水行业发展伙伴和协调行动建立有效的平台
	低地水、卫生与清洁行动	2015—2019 年	2 317 635	改善可持续的饮用水供应源
	水，卫生与清洁转型和恢复力增强	2011—2015 年	15 905 626	为索马里、阿法尔和奥罗米亚州目标社区改善清洁和可持续水源

国家	项目名称	项目周期	项目金额 / 美元	项目描述
埃塞俄比亚	建立埃塞俄比亚西南田园恢复网络	2014—2016 年	842 000	为 8 000 余人提供可持续清洁水和健康卫生服务设施
	种植业发展土地管理	2013—2018 年	7 756 699	改善土地治理，强化土地所有权
	强化适应、行动学习与合作伙伴提高恢复力	2014—2017 年	5 000 000	提高应对未来气候变化和气候相关灾害的恢复力
	重建 Vibrant 镇和环境	2014—2017 年	4 333 712	提高敏感社会对气候变化和气候相关影响的长期适应能力
乌干达	STAR II	2011—2012 年		模拟可持续旅游业发展，加强艾伯丁裂谷的生物多样性保护
	Kalangala 基础设施服务	2011—2025 年	20 000 000 贷款	保障 Kalangala 区轮渡服务，能源供应和水供应
	Kigtum 和 Pader 供水系统复原与扩大	2011—2012 年		扩大和修复 Kigtum 和 Pader 供水基础设施
肯尼亚	旱地管理计划	2011—2014 年	1 632 763	USAID 和内罗毕大学、科罗拉多州立大学合作，促进肯尼亚旱地生态系统可持续的生产力
	东亚伯达森林复原项目	2006—2013 年	526 138	种植 2 000 000 株本土数目恢复 2 000 公顷土地。改善 3 000 户居民生活
	肯尼亚干旱土地风险削减	2012—2014 年	8 000 000	为肯尼亚干旱土地生活的人民提供清洁水和清洁卫生
	肯尼亚野生动物保护计划	2006—2013 年	1 844 000	项目支持肯尼亚野生动物服务机构加强对肯尼亚国际公园的管理，促进对群居生活野生动物的保护
	Kipepeo（蝴蝶）计划	2005—2014 年	990 000	通过森林蝴蝶创造收入，进而提升对保护森林的认识
	Laikipia 生物多样性保护计划	2009—2016 年	3 454 362	支持以保护 Laikipia 野生动物和生态系统为目的的 Laikipia 论坛
	土地政策实施计划	2006—2013 年	605 900	支持土地政策发展进程
	北部牧场信托支持	2008—2014 年	4 991 386	支持对北部牧场治理、财务管理能力建设，提高长期可持续性
	ProMara 计划	2010—2012 年	6 026 481	恢复森林生态，修复流域健康，提高社区对自然资源的管理

国家	项目名称	项目周期	项目金额/美元	项目描述
肯尼亚	SECURE	2009—2012年	2 822 232	保障肯尼亚北部沿岸Kiunga-Boni-Dodori保护区和周边生物多样性和人民生计
	国际小团体和植树计划	2009—2014年	7 579 998	帮助肯尼亚森林周围社区居民种树和改善他们的生活
	肯尼亚千年水计划	2011—2012年	2 999 996	为大约100万居民改善水和卫生
	纳罗克和拉姆区水和健康项目	2008—2012年	2 499 806	
	规模化安全水过滤器模型	2013年	108 735	为低收入群体提供便宜的过滤水装置
卢旺达	强化Nyungwe周边可持续生态旅游	2010—2015年	9 147 891	帮助国家提高生态旅游
	Nyungwe可持续生物多样性保护	2010—2015年	4 347 390	帮助当地利益相关方保护生物多样性和可持续地利用生态系统服务功能
喀麦隆，中非共和国，刚果民主共和国，赤道几内亚，加蓬，刚果共和国，卢旺达	森林资源管理	2011—2013年	1 000 000	通过技术援助与培训，支持7个中部非洲国家提高对森林风景地貌的管理和开发与削减由于森林退化导致的碳排放（REDD+）相关政策
刚果民主共和国	中部非洲森林监测	2012—2013年	300 000	支持中部非洲国家更好地管理森林资源
	强化社会对生物多样性的保护	2006—2013年	8 425 000	提高自然资源治理，建立可持续自然资源管理条例
	卫星监测刚果盆地森林	2008—2014年	3 541 453	美国航空航天局运用森林退化模型改进森林政策和推动气候变化项目，提高刚果盆地森林保护
	改善森林治理和可持续利用	2006—2013年	7 100 000	开发监测森林土地利用变化和森林开发活动的工具与方法，帮助加强对自然资源的治理

国家	项目名称	项目周期	项目金额/美元	项目描述
刚果民主共和国	风景地貌计划 12：Virunga 风景地貌	2006—2013 年	1 907 853	减小刚果民主共和国和卢旺达 Virunga 地貌上 863000 公顷土地上森林退化和生物多样性丧失
	风景地貌计划 11：Ituri – Epulu – Aru 森林风景地貌	2006—2012 年	6 709 983	减小刚果民主共和国 Ituri-Epulu-Aru 地貌上 313 万公顷土地上森林退化和生物多样性丧失
	风景地貌 10：MAIKO – TAYNA – KAHUZI 森林风景地貌	2006—2013 年	6 500 357	减小刚果民主共和国 Maiko Tayna-Kahuzi Biega 地貌上 682 万公顷土地上森林退化和生物多样性丧失
	风景地貌计划 9：MARINGA – LOPORI- WAMBA 森林风景地貌	2006—2013 年	8 649 799	减小刚果民主共和国 Maringa-Lopori-Wamba 地貌上 730 万公顷土地上森林退化和生物多样性丧失
	风景地貌计划 8：SALONGA – LUKENIE – SANKURU 森林风景地貌	2006—2012 年	6 533 848	减小刚果民主共和国 SALONGA – LUKENIE – SANKURU 地貌上森林退化和生物多样性丧失
	风景地貌计划 7：Tele – Tumba 湖沼泽林	2006—2012 年	6 220 931	减小刚果民主共和国 Tele – Tumba 湖沼泽林地貌上森林退化和生物多样性丧失
	KAMIJI 地区水与卫生干涉措施	2010—2012 年	210 647 642	为地区居民提供清洁饮用水
塞舌尔	加强生态系统恢复力	2010—2016 年	713 825	提高对珊瑚礁的管理能力，修复受人类活动影响的塞舌尔珊瑚礁
坦桑尼亚	风景地貌 - 大型社区生态系统计划	2010—2018 年	10 398 960	保护坦桑尼亚西部关键生态系统生物多样性，修复野生动物栖息地
安哥拉	全球气候变化安哥拉行动	2012—2014 年		加强非政府组织气候灾害风险削减应对能力
莫桑比克	Gorongosa 国家公约恢复项目	2008—2012 年	4 499 635	修复国家公约生态系统，保护关键生态资源并支持当地人民可持续生计
	Niassa 世界野生生物基金	2008—2012 年	801 827	保护和修复保护区陆地与海洋生态系统

国家	项目名称	项目周期	项目金额/美元	项目描述
莫桑比克，津巴布韦，博茨瓦纳，南非	RESILIM-B 基金	2012—2017 年	14 464 702	5 年的基金帮助地区人民应对气候变化影响和提高生态系统恢复力
莫桑比克，南非	RESILIM-O 基金	2012—2017 年	7 112 084	5 年的基金加强莫桑比克和南非 Olifants 流域生态恢复力
莱索托	莱索托高低水项目	2010—2018 年	1 350 000	加强莱索托高低对气候变化的适应能力
南非	生物多样性地方行动：湿地	2014—2017 年	990 273	提高地方政府和社区对湿地生态系统价值的认识，阻止湿地退化
	南非低碳排放发展	2012—2017 年	6 086 654	帮助南非经济可持续增长转型，降低温室气体排放
	迈向可持续性：南非国家气候变化适应项目	2011—2017 年	2 747 333	推进社区可持续发展实践，包括收集雨水，储备水资源，有机农业，太阳能和能效等

资料来源：美国国际开发署网站，访问时间：2016 年 8 月 10 日。

专栏 2-2-4　美国对非洲环境援助主要领域及内容

1. 环境治理

很多非洲国家还在建立自身环境治理体系的初级阶段，美国环境保护局帮助这些国家强化环境法律法规、开展环境守法与执法能力建设以及促进环境决策中的公众参与。美国环境保护局同国际环境执法与守法网络、丹麦援助署和肯尼亚环境管理局联合，支持东非环境执法与守法网络（EANECE）的建立，相关活动包括：提供网络建立相关培训，支持联络处的建立，支持卢旺达、布隆迪、坦桑尼亚、乌干达和肯尼亚 5 个国家的国家守法与执法网络的建立，提供环境督查与刑事执法能力培训以及同其他地区和相关机构合作网络的建立等。

2. 水与健康

针对非洲国家普遍面临的饮用水匮乏和卫生问题，美国通过提高城市供水能力、计划和实施饮用水安全计划（WSP）来改善非洲国家公共健康状况。美国环境保护局同国际水协会（IWA）、世界卫生组织（WHO）、联合国人类居住署以及乌干达首都坎帕拉共同计划和实施了东非城市水厂饮用水安全计划。计划的目标是为在整个非洲建立起安全用水体系和创造长期城市安全饮用水机制打下基础。项目的主要活动包括：为水厂员工提供安全饮用水培训、建立水厂运营合作伙伴、建立非洲饮用水安全计划网络支持非洲国家间的信息分享和能力建设以及建成了非洲用水安全门户网站。

3. 环境空气质量

美国通过改善机动车燃料和推动减排技术改善非洲城市地区的空气质量，帮助非洲应对由于交通量增长、机动车持有率增加、工业生产以及资源开发导致的环境空气质量问题。美国为撒哈拉以南非洲淘汰含铅汽油提供支持并帮助非洲国家使用低硫燃料。包括提供资金支持、技术与政策建议以及协助公共宣传信息等。

4. 清洁炉灶和市内空气质量

非洲超过 75% 的家庭在室内燃烧木材、煤炭、粪便、庄稼等用于做饭和取暖，这些导致了严重的健康问题。美国已经在毛里塔尼亚、尼日利亚和乌干达建立了示范项目，并正在埃塞俄比亚和肯尼亚实施一系列规模化改善项目，帮助应对这一问题。项目目标在于减少人群对室内空气污染的暴露、提高公众对室内空气污染的认识、推动替代使用清洁炉灶、测试改进和市场化一批清洁技术方案。

5. 气候变化

美国环境保护局发起了全球甲烷行动，意在削减温室气体排放，保障能源安全，并提高空气质量。这一行动在非洲的合作伙伴有加纳、埃塞俄比亚和尼日利亚。

6. 电子废物管理

每年有大量的电子垃圾流入非洲，而很多国家不能对这些非法电子垃圾进行有效管理。一些地区采用露天焚烧和酸解等粗放手段对电子废物进行回收处理，导致了严重的铅、汞、镉、砷污染，是威胁非洲儿童和穷人健康的重要因素。作为国家电子废物管理战略的一部分，美国支持非洲开展了电子废物可持续管理示范项目。包括通过联合国与埃塞俄比亚政府合作，建立起了电子垃圾回收拆解厂、在西非国家开展针对电子废物非法转移的地方执法培训。

2.2 日本的环境合作与援助

日本政府开发援助涉及诸多领域，具体包括环境、教育、运输、通信、能源、医疗保健、卫生、防灾、维和等，其中运输、能源始终保持着较高占比。环境援助则是目前日本对外援助中最重要和最活跃的部分。

日本是开展环境援助较早的国家。1972 年斯德哥尔摩环境会议上日本政府提出了创立联合国环境基金的倡议，并且主动承担 10% 的出资份额。进入 20 世纪 80 年代之后，日本政府更加大了对外援助的力度，在 20 世纪 80 年代末日本成为世界上第一大援助国。其中有关环境项目的援助资金不断提升，1986—1988 年日本提供的环保援助为 1 889 亿日元，1989—1991 年增加到 4 075 亿日元，增长 115%。

20 世纪 90 年代以来，日本从国家利益和目标出发，紧抓国际机遇，结合自身发展优势，从全球、区域和双边层次积极推进环境援助的战略性发展。从 1992 年起，每年增加预算 3 000 亿日元用于增加环境保护援助和地球环境信贷基金。在同一年，日本政府制定了第一个《政府开发援助大纲》，其中将提供援助与环境保护事业结合起来，其第一条规定：开发与环境并存。在1992年联合国环境与发展特别会议上，日本政府提出了“支援面向21世纪的环境与开发”的政策构想，承诺五年内向世界提供9 000亿～10 000亿日元的环保援助，这与当时欧美各国的消极姿态形成了鲜明的对比（当时欧共体承诺援助40亿美元，美国仅仅承诺10亿美元），而此后，在实际支出中，到1996年日本已经拨款14 400亿日元，提前一年完成所承诺的数字指标，超过美国、欧盟。

此后，日本提供的环境对外援助在政府开发援助（ODA）总额中的比例也继续上升，由20世纪90年代初的10%上升至90年代末的30%，2002年以后保持在35%以上。2003年8月，日本内阁会议上正式确定了政府开发援助大纲修正案，其中明确要求关注环境、传染病等全球化问题以及可持续发展问题。在这一大纲中日本政府不但提出要提高对方国家应对灾害、传染病等问题的能力，还将关注对象放在了对方国家的个人身上。

2.2.1 日本对亚洲环境合作与援助

日本在亚洲环境合作机制的建立中扮演重要推动者的角色，也是区域环境援助项目的主要发起者和提供者。作为亚洲经济发展层次最高的国家之一，日本一直试图主导东亚共同体的建立。积极推动环境合作与援助是在认识到环境安全是亚洲国家认同的共同价值基础上，缓解或克服共同体建设中障碍、促进各个国家“一体感”形成的一大举措。在大国角力的东北亚次区域，日本主要通过推动环境政策高层对话和环境联合行动促进机制建立，而在发展较为落后、国家比较弱小的东盟与湄公河区域则是投入大量资金实行环境援助促进渗透，提高东南亚国家对日本的认同感。

日本与东北亚国家的环境合作，主要是推动建立和参与多边合作机制及与中国、韩国和俄罗斯等区域内的主要国家进行的双边合作。

（1）东北亚地区环境合作会议

首次召开于 1992 年，每年召开一次的东北亚环境合作会议，是中国、日本、韩国、蒙古、俄罗斯五国政府环保部门，为了在区域之间就环保问题进行广泛对话与合作而成立的区域性的政策论坛。主要是以高官论坛的形式，介绍和交流各国过去一年环境政策的进展情况，并就有关环保主题进行研究。十多年来，东北亚环境合作五个成员国就控制区域性沙尘暴、中俄蒙跨界自然保护区、工业酸雨、西北太平洋污染、黄海保护与发展等问题，进行了多方面的对话与跨区域合作，增进了相互之间的了解、交流了经验、促进了合作，东北亚环境合作会议已经成为五国政府环境保护部门之间的一个重要对话渠道。

（2）东北亚环境合作高官会议

东北亚环境合作机制（NEASPEC）是 1993 年联合国亚太经社会倡议设立，由中国、日本、韩国、朝鲜、俄罗斯、蒙古六国参与的区域性环境合作机制。NEASPEC 每年召开一次高官会，主要围绕东北亚地区的环境与发展问题开展交流和合作。2017 年 3 月第 21 次东北亚环境合作机制高官会在韩国首尔举行，会议由联合国经社理事会亚太办和 NEASPEC 秘书处组织、韩国政府主办。此次会议审议了东北亚环境合作在跨境大气污染、自然保育、保护区、低碳城市、荒漠化和土地退化五大项目领域的进展，并强调与相关的国家、次区域和区域制度与组织协同发展的重要性。

（3）中日韩三国环境部长会议

中日韩三国环境部长会议主要是为了落实三国首脑会晤中就加强三国环保合作达成的共识，探讨解决三国共同面临的区域环境问题，促进本地区的可持续发展，商讨和拟订区域环境保护行动方案的具体原则。经日本政府倡议，1999 年 1 月在韩国首尔举行了首次三国环境部长会议，启动了环境部长合作会议机制，这是目前东北亚地区层次最高的环境合作机制。会议每年召开一次，在三国轮流举行。

十几年来，三国在沙尘暴研究、东亚酸沉降监测网、环境教育、中国西北地区的生态保护、环保产业、化学品管理等多个方面开展了合作项目，并取得了切实的效果。

（4）西北太平洋行动计划（NOWPAP）

西北太平洋海洋和沿岸地区环境保护、管理和开发的行动计划（The Action Plan for the Protection, Management and Development of the Marine and Coastal Environment of the Northwest Pacific Region），简称为西北太平洋行动计划（NOWPAP），是联合国环境规划署区域海洋项目的一个组成部分。该计划的总体目标是通过对西北太平洋海洋和沿岸地区环境资源进行合理开发、利用和管理，使该区域人民长期受益，同时实现保护人类健康，生态完整与地区的可持续发展。西北太平洋行动计划四个成员国，中国、日本、韩国和俄罗斯于 1994 年 9 月 14 日在韩国首尔召开了第一次政府间会议，会上通过了西北太平洋行动计划和三项决议。政府间会议是 NOWPAP 的高层管理机制，它提供政策指导和决策，每年召开一次，由各国高级别代表参加。自 1994 年以来，迄今为止总计召开了 13 次政府间会议。目前 NOWPAP 在中国、日本、韩国、俄罗斯分别设立了区域活动中心，在日本富山和韩国釜山设立了区域协调处，在评价地区海洋环境状况；处理构筑综合管理信息体制所需的环境资料及信息；统一规划沿岸及海洋环境的治理与预防等方面发挥了积极的作用。

（5）东北亚酸沉降监测网（EANET）

东北亚酸沉降监测网是一个地区性环境合作项目。由日本于 1993 年发起并组织，目前共有中国、柬埔寨、老挝、印度尼西亚、日本、蒙古、马来西亚、菲律宾、韩国、俄罗斯、泰国和越南等东亚地区 12 个国家参加。东北亚酸沉降监测网的目的是通过国家间的合作监测了解评估东北亚地区酸沉降状况，防止跨国界酸沉降污染危害。

（6）东盟－中日韩（10+3）环境部长会议

为促进东盟与中日韩三国在环境领域的合作，在2002年11月召开的东盟与中日韩领导人会晤时，东盟提议召开东盟－中日韩（10+3）环境部长会议，并得到了中日韩三国的响应。东盟“10＋3”环境部长会议是东盟“10＋3”合作框架下环境保护领域的高层对话机制，自2002年以来在东盟成员国轮流召开。东盟“10＋3”环境部长围绕全球环境合作、清洁生产、可持续发展监测等10个优先领域进行对话和项目合作。

东盟由10个国家组成，各个国家因为经济发展程度不同和人口多寡面临的环境问题不尽相同，但是和东北亚国家一样，东南亚绝大部分国家都处在一个完整的次大陆上，各国紧密相连，无论在地理上还是在生态上都是一个整体，加上环境问题本身具有整体性和外部性，因此不少东盟一国的环境问题发展到一定程度就演变成为区域性的环境问题，根据东盟秘书处公布的信息，区域整体环境上主要挑战有：森林急剧退化、生物多样性减少、跨国界烟雾污染、土质退化、水资源污染、空气质量下降等。

20世纪80年代以后，特别是进入20世纪90年代，东盟迅速崛起为亚太多极格局中一支不可忽视的力量。东盟相较于东亚其他区域机制而言，制度化水平最高。日本政府开始重新定位与东盟的关系，强调重视双方经济关系的同时，将双方合作范围拓展至政治与安全领域，谋求以东盟为基地，扩大日本在印支地区的影响力。此后，日本历届内阁多次强调同东盟加强政治对话和安全协商；在反恐、环保、禁毒、人权、粮食等全球问题上开展合作；加强联合国范围内的磋商等。

在2007年第11次日本－东盟峰会上，日本政府提议日本－东盟环境合作对话，推动双方环境合作，受到了东盟国家的欢迎。第一次日本－东盟环境合作对话于2008年3月在越南河内举办，至今已经举办了9次。通过对话探讨环境合作并在各个区域开展了一系列环保项目。2013年9月，日本－东盟友谊40周年纪念活动在印度尼西亚举办，第一届日本－东盟环境合作对话部长会议同期召开。日本环境次长 Kozo Akino 提出了利用联合信托机制（Joint Crediting Mechanism ，JCM）建立“环境可持续城市”的设想，获得了东盟国家的认同。

2010 年以来，日本对东盟国家的官方环境援助项目有 20 多项，主要集中于水资源、森林管理、生物多样性保护、清洁能源与气候变化等领域，其中无偿援助金额约 278 亿日元，贷款 2 021 多亿日元，如表 2-2-4 所示。

表 2-2-4　2010 年以来日本对东盟国家提供的官方援助项目

援助目标	项目名称	涉及国家	无偿援助金额 / 百万日元	贷款援助金额 / 百万日元
水环境保护与供水	Mandalay 城供水系统改善项目 紧急改善仰光供水项目 为中心干旱地区提供供水设备计划 大仰光供水改善项目 磅湛和马德望供水系统 柬埔寨省会供水系统替换和扩大 暹粒供水扩大项目 下龙市水环境改善计划 河内污水处理项目 南平阳省水环境改善计划二期 胡志明市水环境改善计划 他曲供水发展项目 提高宿务岛供水体系 Pasig-Marikina 河道改善项目三期	缅甸，柬埔寨，越南，老挝，菲律宾	14 007	96 446
生物多样性保护	湄公河森林保护区跨境生物多样性保护项目（通过 ITTO）	柬埔寨，泰国	900	
森林保护	森林保护计划 越南森林保护修复与可持续管理项目 老挝森林信息管理项目 菲律宾森林土地管理项目	泰国，柬埔寨，越南，老挝，印度尼西亚	4 675	7 703

援助目标	项目名称	涉及国家	无偿援助金额 / 百万日元	贷款援助金额 / 百万日元
清洁能源	清洁能源项目：太阳能发电系统	柬埔寨，老挝，菲律宾	1 800	
气候变化	提高应对气候变化导致的自然灾害能力项目（柬埔寨，越南，老挝，印度尼西亚） 越南气候变化响应支持项目 越南运用卫星观测应对灾害和气候变化 印度尼西亚气候变化贷款	柬埔寨，越南，老挝，印度尼西亚	5 000	94 422
固废管理	提高环境可持续城市固废管理计划 南苏拉威西省地区固废管理	老挝，印度尼西亚	1 384	3 543

注：根据 2010—2015 年日本外务省国际合作局《ODA 白皮书》数据整理。

日本对于湄公河流域环境问题的关注由来已久。自 20 世纪 50 年代开始，日本便借助战后赔偿重返湄公河地区，并积极参加联合国有关湄公河下游地区水资源开发和调查活动。2003 年 12 月在东京召开的日本东盟特别首脑会议上提出《为湄公河地区发展的新思考》为日本重新调整湄公河地区战略确立了新方向。2007 年 1 月，日本与柬埔寨、老挝、越南三国在菲律宾宿务举行的外长会议上通过了“日本与湄公河地区伙伴关系计划”，决定加强对湄公河地区的援助。2008 年 1 月，日本与湄公河五国举行了首次外长会议，明确提出援助该地区建立“东西经济走廊”和“南部经济走廊”，并将 2009 年定为“日本湄公交流年”。

2009 年 11 月，为巩固日本在湄公河五国的影响力，“日本与湄公河地区各国首脑会议”在东京召开，会议就今后 10 年双方在环境保护和气候变化问题上的合作可能性进行了探讨，研究讨论了“建设绿色湄公河 10 年规划”方案，通过了环境方面的《东京宣言》。此后，湄公河 - 日本领导人峰会、外长会议成为日本与湄公河国家常规对话机制，每年召开一次。2015 年 7 月，第七届湄公河－日本领导人峰会通过《新东京战略 2015》，日本向湄公河流域国家提供 7 500 亿日元（约合人民币 379 亿元）的政府开发援助，文件写明为实现湄公河区域经济发展，在完善基础设施过程中，人才培养、环境保护等“软件”举措很重要，同时还有必要实施防灾、气候变化举措与水资源管理。2017 年 11 月，第九届湄公河－日本领导人峰会在菲律宾首都马尼拉召开，会议发表的《联合声明》指出，2015 年日本承诺的 7 500 亿日元的政府开发援助已经完成了 2/3。

一直以来，日本都积极谋求在东南亚地区的环境影响力，力图在地区环境事务中发挥更为重要的作用。日本利用其 ODA 加强与该地区的环境合作关系，希望在日本主导下以“信任、发展和稳定”为原则，建立“希望与发展的地区”。

通过双边环境合作为主要载体投入环境资金是其参与湄公河环境治理的重要渠道。日本在湄公河次区域环境合作主要集中于自然资源的可持续利用、生物多样性保护、可持续森林管理等领域。日本国际协力机构（JICA）主要负责向柬埔寨、老挝、缅甸与越南四国提供环境技术援助，具体见表 2-2-5。日本利用 ODA 项目还在老挝等国援建了森林资源信息中心、开展了两国研修等项目。

表 2-2-5　日本对湄公河国家的环境项目投入

国家	项目	金额
柬埔寨	环境管理人力资源开发项目（2006—2009 年）	50 万美元
	加强金边市区固体污染物管理项目（2006—2009 年）	100 万美元
	移民的环境与社会考虑能力建设项目（2010—2012 年）	70 万美元
老挝	参与土地和森林管理减少林木采伐项目（2009—2014 年）	150 万美元
	林业信息管理项目（2010—2012 年）	80 万美元
缅甸	伊洛瓦底江三角洲的红树林（2006 年至今）	7.1 亿日元
	保护植物多样性和实现植物资源的可持续利用（2006—2011 年）	5 000 万日元

国家	项目	金额
泰国	曼谷减缓全球变暖行动计划（2007—2012 年）	5 000 万日元
	日本、泰国温室气体技术合作	2.4 亿日元
	湄公河地区污水分散处理能力建设项目（2010—2014 年）	5 亿日元
越南	河内合作创建垃圾回收示范社区（2006—2009 年）	5 亿日元
	越南科学研究院水环境管理能力建设项目（2006 年至今）	4.5 亿日元

数据来源：日本国际协力机构，2014。

2.2.2 日本对非洲环境合作与援助

近几年，日本高度重视对非洲的环境援助。这一方面是由于这些地区面临着严重的环境、贫穷、生存及发展问题，另一方面则因为这些地区拥有重要的经济、政治价值和战略地位。

日本自 20 世纪 60 年代开始对非提供政府发展援助，形式主要包括低息日元贷款、无偿资金援助及无偿技术合作。1993 年，日本政府主导开启了东京非洲发展国际会议（TICAD），之后每 5 年举行一次。从国别上来看，1960—1990 年，肯尼亚、马达加斯加、尼日尔、尼日利亚、苏丹、坦桑尼亚、扎伊尔和赞比亚一直是日本政府发展援助的主要受援国，这 8 个国家接受了日本对非援助的 70% 以上。从援助主题上来看，清洁水与健康、环境与气候变化是日本对非援助的重点关注领域。

2005 年以来，日本进一步加强对非洲的环境援助，2008 年日本首相福田康夫宣布将为非洲提供 40 亿美元的低息贷款，主要用于道路和其他经济基础设施建设；同时也希望加强在环境与气候变化、卫生医疗保健方面的援助，2008 年第四届 TICAD 重点关注促进非洲经济增长、保障人类安全以及处理环境问题和气候变化。2011 年签署“非洲应对气候变化伙伴关系联合框架”协议，并提出了“非洲绿色成长战略”，通过非洲发展会议进一步开展对非合作。2013 年第五届 TICAD 以推动非洲经济增长和促进人类安全作为其援助的基本政策。

在会上日本向非洲提出 320 亿美元的巨额援助计划，其中 20 亿美元用于对非洲低碳能源援助，并对 34 个非洲国家进行森林保护援助。同年发布的《横滨宣言 2013》和《横滨行动计划 2013—2017》中，基础设施建设，应对气候变化，提高非洲卫生医疗和教育水平，仍是三大优先援助领域，同时确定从 2013 年起，TICAD 会议改为每 3 年召开一次。2016 年，在第六届非洲发展东京国际会议开幕式上，日本首相安倍晋三向非洲 30 多个国家的领导人提出，日本将提供 300 亿美元，用于在公共和私人领域支援非洲的基础设施开发。这一援助计划将在从当年起的 3 年内开展，其中包括用于非洲基础设施项目的 100 亿美元，援助将通过与非洲开发银行的合作进行。同时日方还提出了名为“自由开放的印度洋太平洋战略”的新战略。战略拟将经济增长显著的亚洲地区的成功经验由日本主导跨越印度洋传向非洲，以强化双方的联系。安倍晋三还宣布将设立“日非官民经济论坛”，谋求加强双边经济关系。这一系列举措表明了日本愈加重视从太平洋到印度洋的海洋安全以及非洲发展这一新外交战略的意向。

表 2-2-6　2010 年以来日本对非洲国家（撒哈拉以南）提供的官方环境援助项目

援助目标	项目名称	涉及国家	无偿援助金额 / 百万日元	贷款援助金额 / 百万日元
综合环境改善	肯尼亚改善村庄环境项目（通过联合国） Lusaka 南部地区生存环境改善项目 喀麦隆通过社区共建促进农村环境发展项目（与 UNDP 合作） 贝宁通过社区共建支持城镇环境项目（通过 UNDP）	肯尼亚，尼日利亚，卢旺达，赞比亚，喀麦隆，贝宁	4 784	

援助目标	项目名称	涉及国家	无偿援助金额/百万日元	贷款援助金额/百万日元
水环境保护与供水	Baringo 县偏远地区供水项目 增加 Narok 供水系统项目 肯尼亚农村供水项目二期 Embu 和周边地区供水系统改善项目 埃塞俄比亚国家北部地区 Rift 谷地小城镇供水发展项目 Amhara 地区南部小城市供水项目 Tigray 偏远地区供水项目 Conakry 城市中部山地供水改善计划 Luapula 省地表水开发项目二期、三期 Ndola 城市供水状况改善项目 布基纳法索中部高原与中南部供水项目二期 Mwanza 和 Neno 地表水开发项目 Kambia 农村地区供水系统建设项目 远北 Diamare 和 MayoKani 地区供水改善与卫生项目（通过 UNICEF） 喀麦隆农村供水项目五期 Kinshasa 城市 Ngaliema 污水处理厂扩大项目 冈比亚农村供水项目三期 Tabora 农村地区供水项目 Acholi 次区域安置民水源改善项目 Léogâne 城市供水项目 Santiago 岛供水系统 尼日利亚农村供水改善项目发展项目 Bauchi 和 Katsina 州供水项目 南苏丹 Juba 供水系统改善项目 Kassala 城市供水系统改善项目 Kassala 城市紧急供水设备改善项目 Maritime 和 Savanes 地区中部农村和半城镇地区供水与卫生项目 吉布提南部农村供水项目 Grand Baie 污水处理项目 Tambacounda 供水设备改善项目 卢旺达农村供水项目二期	肯尼亚，埃塞俄比亚，几内亚，赞比亚，布基纳法索，马拉维，塞拉利昂，喀麦隆，坦桑尼亚，冈比亚，刚果民主共和国，乌干达，海地，尼日利亚，南苏丹，苏丹，多哥，吉布提，毛里求斯，卢旺达，塞内加尔	37 600	22 304
生物多样性保护	刚果盆地国家热带雨林可持续管理和生物多样性保护能力建设（通过 ITTO）	喀麦隆，中非共和国，刚果民主共和国	278	

援助目标	项目名称	涉及国家	无偿援助金额/百万日元	贷款援助金额/百万日元
森林保护	森林保护计划（肯尼亚，埃塞俄比亚，加纳，加蓬，马拉维，莫桑比克，喀麦隆，科特迪瓦，刚果民主共和国） 通过社区参与促进森林恢复与重建项目（通过 ITTO）	肯尼亚，埃塞俄比亚，加纳，加蓬，马拉维，莫桑比克，喀麦隆，科特迪瓦，刚果民主共和国	10 083	
清洁能源	清洁能源项目：太阳能发电系统	加纳，加蓬，莱索托，马拉维，尼日利亚，博茨瓦纳，布隆迪	4 867	
气候变化	提高应对气候变化导致的自然灾害能力项目	马里，肯尼亚，布基纳法索，莱索托，马拉维，塞拉利昂，科特迪瓦，冈比亚，乌干达，佛得角，多哥，贝宁，布隆迪，吉布提，毛里塔尼亚，塞内加尔	8 380	

资料来源：根据 2010—2015 年日本外务省国际合作局《ODA 白皮书》数据整理。

2.3 欧洲的环境合作与援助

东盟地区被赋予了丰富的自然资源以支撑人类经济活动和生活。尽管该地区只占据全球陆地面积的3%，但其丰富的生物多样性提供动植物超过20%的自然栖息地。然而，人口和经济增长对该区域自然资源持续施压，导致水资源短缺、非法采伐、森林退化、泥炭地外流和森林火灾等问题，从而造成生物多样性丧失、温室气体排放量急剧增加、健康问题和经济损失。该地区面临的挑战还包括水资源匮乏和废物管理不善导致的全球海洋垃圾问题。东南亚是世界第三大热带森林流域，由森林采伐和退化导致的温室气体排放量大幅度增长。为缓解东盟地区日趋严峻的气候变化与环境问题，近年来，欧盟及欧洲发达国家针对东盟各国国情和环境现状，开展了一系列相关领域的合作。

2.3.1 欧盟－东盟环境合作与援助

欧盟与东盟环境合作主要依靠欧盟－东盟部长级会议、亚欧会议和东盟地区论坛三大机制推动欧盟与东盟双边关系发展。随着亚太经济的迅猛发展，各级会议对环境议题关注程度的日益提升。

▶ 政策对话

欧盟与东盟的政策对话已经经历了40多年的历史。政策对话关系可以追溯到1977年，第十届东盟外长会议双方达成正式伙伴关系。1980年，东盟－欧共体合作协议的签署标志着双方关系的制度化。之后，关系发展虽然经历了很多波折和反复，但随着近些年欧盟在国际环境合作力度不断加强，东盟经济地位的提升和地区内部机制建构的强化，双方关系发展迅速，并扩大到环境、气候变化、可持续能源、自然资源和灾害管理等多层次领域。欧盟与东盟环境合作可以简单归纳为3个发展阶段：

（1）第一阶段，整合认识阶段（1972—1995年）

1972年，东盟在布鲁塞尔设立由东盟贸易部长与各国驻欧共体大使组成的东盟特别协调委员会，负责处理东盟与欧共体的关系，旨在构建同欧共体的制度性对话，这是欧盟首次与东盟建立非正式关系。1977 年 2 月，在马尼拉举行的东盟外长特别会议建议下，东盟与欧共体部长理事会和常驻代表委员会建立联系，使两大地区合作组织之间的正式关系得以确立。1978 年，第一届东盟－欧共体外交部长会议召开，为双方增进了解与协调提供了平台。此后，东盟与欧共体部长级会议成为双方重要的合作机制，一般每 18 个月或 24 个月举行一次。

1993 年 11 月旨在建立欧洲经济货币联盟和欧洲政治联盟的《马斯特里赫特条约》正式生效，“欧洲经济共同体”也更名为“欧洲联盟”。东盟也加快了经济领域的合作步伐，并确定了成立东盟自由贸易区的发展目标。在这样的环境下，欧盟重新认识到亚洲市场的利益和东盟的重要性，希望扩大双方经济联系，并通过东盟进入亚太市场。

（2）第二阶段，磨合与重新定位阶段，建立新型伙伴关系（1996—2006 年）

1996 年 3 月，第一次亚欧会议在泰国曼谷举行，会议的主题为“促进发展建立亚欧新型伙伴关系”，并在此基础上形成了互相尊重、平等互利、求同存异、扩大共识的“曼谷精神”。1996 年 7 月，欧盟委员会发表《建立具有新活力的欧盟－东盟关系》的报告，重申欧盟新亚洲战略，把“加强与东盟关系”作为落实其亚洲政策的关键。

1997 年东盟与欧盟关系经历了前所未有的政治、经济双重危机。在政治上，欧盟与东盟在民主、人权等问题上的分歧导致摩擦不断，东帝汶和缅甸问题成为双方合作的主要障碍，特别是在 1997 年东盟顶住欧盟的压力接纳缅甸入盟，致使双方关系一度处于低潮。欧盟冻结了所有的对东盟的技术援助与合作，双方的政治对话中断。在经济上，随着 1997 年亚洲金融危机的爆发，东盟各国的经济受到重创。

最终双重危机没有阻碍东盟与欧盟关系的继续发展，1998 年第 2 次亚欧会议上又成立了亚欧前景展望小组，以提供 21 世纪亚欧会议进程的发展思路。

2001年后，双方关系重新走向正常并呈现出新的发展势头。2001年12月，中断了3年之久的东盟－欧盟部长级会议在老挝召开，会议通过了《万象宣言》，这次会议标志着欧盟与东盟关系新时期的开始。2001年，欧盟投入5 550万欧元，支持双方在环境、能源、知识产权等领域的合作。

2003年7月，欧盟发表了《与东南亚的新型伙伴关系》的报告，寻求与东盟在多方面加强对话与合作。2005—2006年度第一个“亚洲区域计划”涵盖了贸易与投资、高等教育和环境三个领域的全亚洲计划和包括欧盟在内的次区域计划。其中，欧盟用于东盟地区合作项目的资金预算达1 500万～2 000万欧元，以反映欧盟与东盟的“新伙伴关系”。

（3）第三阶段，多层次全面性地区间合作（2007年至今）

从欧盟对全球环境合作的角度来看，2007—2013年欧盟参与的对外环境合作主要包括气候变化、可持续能源和水资源3个领域。非洲、加勒比和太平洋地区成为该领域合作的主要受益者（占援助基金的45%），欧盟对亚洲地区投入的资金占基金总额的11%。尽管如此，欧盟与东盟在新伙伴关系建立的基础上逐渐向更广泛、全面和深度的环境合作方向发展。

在2008年10月第7届亚欧峰会上，东盟和欧盟国家都将关注点落实到气候变化和能源安全上，在会议颁布的《北京宣言》中提道：经济发展、社会进步和环境保护是可持续发展的三大支柱，三者相互依存、相辅相成。

2012年4月，第19届东盟－欧盟部长级会议在文莱召开，为加强2013—2017年东盟与欧盟的合作伙伴关系，会议通过了斯里巴加湾市行动计划（Bandar Seri Begawan Plan of Action），为区域合作增加了更多战略关注，体现东盟－欧盟合作关系的多层面特点。行动计划以政治安全、经济贸易和社会文化为三大支柱，针对东盟－欧盟区域一体化和社区建设为接下来的五年设定了包含环境领域的90多项行动要点议程。

为促进东盟区域一体化，2014年第21届东盟－欧盟联合合作委员会（Joint Cooperation Committee, JCC）会议在雅加达召开，双方针对2014—2020年合作焦点领域达成了一致意见。相比 2007—2013 年，欧盟在 2014—2020 年为双方的区域一体化项目投入了更多的资金支持。气候变化、环境和灾害管理是该计划中的重点领域。

2015 年 5 月，欧盟外交和安全政策高级代表以及欧盟委员会正式通过了联合通信，欧盟和东盟为实现统一战略目标达成合作伙伴关系，其中发展绿色合作伙伴关系成为重要关注领域之一。会议针对当前东盟地区气候变化和环境污染现状，提出欧盟将会在 2015 年后的远景规划中继续提供支持，包括以气候变化、环境和灾害管理为重点关注领域的 2014—2020 年区域计划。此外，能源（提高能源利用率、减少二氧化碳排放量、可再生能源开发利用）和自然资源可持续利用（包括打击非法、未经报告和管制的捕鱼行为等）等也被列为欧盟支持的优先事项。

▶ 环境援助战略

（1）组伦堡宣言

在2007年3月第16届东盟－欧盟德国纽伦堡部长级会议中正式通过了《欧盟东盟：加强自然伙伴关系的纽伦堡宣言》，形成双方政策对话关系的指导性文件。纽伦堡宣言指出双方在环境领域达成一致意见见专栏 2-2-5。

专栏 2-2-5
纽伦堡宣言中能源安全和环境变化领域的具体合作内容

● 通过欧盟－东盟能源领域的政策对话，促进能源安全、可持续能源和多边措施，打造一个稳定、高效和透明的全球能源市场。

● 在互惠互利的基础上，通过提升可再生能源和能源效率的能力建设，确保能源的安全和可持续发展，包括信息和经验交流与相关技术的改善等方式。

● 采取具体行动迅速执行联合国气候变化框架公约（UNFCCC）以及京都议定书中节能、能源效率和可再生能源的推广。

● 结合气候变化框架公约和京都议定书，强调欧盟与东盟环境变化领域的合作，尤其是减少温室气体排放和改善空气质量方面。

● 促进双方环境保护、可持续发展和自然资源管理的密切合作，包括森林资源的可持续管理、生物多样性与跨界环境污染控制与管理。

● 通过合作有效地实施促进气候变化框架公约和京都议定书，为 2012 年后的全球化环境制度谈判铺平道路。

● 加强欧盟 - 东盟合作，以促进满足联合国框架公约中降低生物多样性锐减的目标。

资料来源：欧盟委员会（European Commission）网站，访问时间：2016 年 8 月 9 日。

（2）2007—2013 年欧盟 - 东盟合作战略

2007 年欧盟正式通过了 2007—2013 年欧盟 - 亚洲合作战略文件（Strategy Document for EU-Asia Cooperation, 2007—2013）。亚洲区域规划文件和指标性方案以消除贫困为总体目标的发展合作（DCI）融资工具为法律依据，主要针对区域一体化、政策与技术支持和消除贫困 3 个方面进行合作。其中，欧盟支持东盟区域一体化主要针对三个方面：区域能力建设与政策对话、统计合作和安全领域的合作与政策改革，与环境相关的正在进行的主题性项目为泥炭地可持续管理（Sustainable Management of Peatlands, SEAPeat）；政策和技术层面的支持主要针对环境、能源和气候变化领域，主要项目包括亚洲可持续消费和生产（Sustainable Consumption and Production, SCP-Asia）、森林执法（the Forest Law Enforcement）和管理与贸易（Governance and Trade, FLEGT）等，详见表 2-2-7。项目经费的 81% 用于个别国家的发展援助，16% 用于区域援助，其中欧盟用于东盟地区合作项目的资金预算约为 70 万欧元，占总体预算的 10%。

表 2-2-7　2007—2013 年欧盟 - 亚洲合作战略中欧盟 - 东盟主要环境合作领域和项目

主题	领域	主要援助项目	主要内容
《2007—2013 欧盟 - 亚洲合作战略文件》	欧盟 - 东盟区域一体化中的环境领域	泥炭地可持续管理（SEAPeat）	泥炭地的可持续管理
	欧亚政策与技术合作框架下的环境、能源和气候变化领域	亚洲可持续消费和生产（SCP-Asia）计划	亚洲可持续消费和生产（SCP-Asia）计划目的是促进环境产品及服务贸易。计划通过项目融资促进地区绿色增长，鼓励亚洲可持续消费和生产行业。鼓励亚洲制造商生产高环境质量标准的环境友好型产品和服务；通过环境技术和管理系统的输出，促进有助于环境的贸易增长，同时促进欧盟能力建设和区域对话
		森林执法、管理与贸易行动计划（FLEGT Action Plan）	改善森林管理，通过可持续和合法采伐木材产品促进贸易，为加强东盟对话和能力建设奠定良好基础

资料来源：欧盟委员会（European Commission）网站，访问时间：2016 年 8 月 9 日。

（3）斯里巴加湾市行动计划

2012 年 4 月，第 19 届东盟 - 欧盟部长级会议通过了斯里巴加湾市行动计划（Bandar Seri Begawan Plan of Action）。行动计划涉及政治安全、经济贸易和社会文化三大领域内容。其中，在社会文化合作方面，东盟与欧盟共同致力于应对区域和全球环境挑战：通过提升公共意识和合作伙伴关系，加强区域水资源管理；支持包括湄公河下游地区在内的次区域合作，促进社会经济发展和可持续水管理；通过东盟生物多样性中心的工作推进地区生物多样性保护和管理；通过技术援助和能力履行东盟参与的多边环境条约（MEAS）；通过减少空气污染、适应和减缓全球变暖以及支持东盟环境变化倡议等措施有效应对气候变化问题，如表 2-2-8 所示。

表 2-2-8 斯里巴加湾市行动计划欧盟-东盟主要环境合作领域和项目

时间	主题	领域	主要内容
2012年4月	斯里巴加湾市行动计划（Bandar Seri Begawan Plan of Action）	社会文化中的环境领域	通过提升公共意识和合作伙伴关系，加强区域水资源管理；支持包括湄公河下游地区在内的次区域合作，促进社会经济发展和可持续水管理；通过东盟生物多样性中心的工作推进地区生物多样性保护和管理；通过技术援助和能力履行东盟参与的多边环境条约(MEAS)；通过减少空气污染、适应和减缓全球变暖以及支持东盟环境变化倡议等措施有效应对气候变化问题

资料来源：欧盟委员会（European Commission）网站，访问时间：2016年8月9日。

（4）2014—2020年欧盟－东盟合作战略

2015年，欧盟正式通过了针对亚洲的区域战略文件（2014年和2015年年度亚洲行动计划）和多年度区域指标性方案（Asia Regional Multi-Annual Indicative Programme, MIP）（2014—2020），主要内容为：促进区域一体化、减贫和可持续的经济增长；维护东南亚地区的和平与稳定；支持绿色经济发展和缓解气候变化；关注环境、能源和社会基础设施领域中与气候变化和绿色投资相关的重点基础设施投资建设等。

2014—2020年亚洲区域多年度指标计划(MIP)中，涵盖了包括区域一体化、减贫、绿色经济和高等教育等方面的主要内容。东盟与欧盟的环境合作在区域一体化和绿色经济领域中都有所体现。

为促进东盟区域一体化，2014年第21届东盟－欧盟JCC会议在雅加达召开，双方针对2014—2020年合作焦点领域达成了一致意见。相比2007—2013年，欧盟在2014—2020年为双方的区域一体化项目投入了更多的资金支持。气候变化、环境和灾害管理是该计划中的重点领域之一。在气候变化方面，优先解决泥炭地的可持续利用和由空气污染导致的雾霾问题、环境可持续、低碳和适应气候变化的城市建设以及环境教育等；针对东盟国家继续进行灾害管理的能力建设；此外，欧盟还计划为保护区的生物多样性保护和管理提供支持。

绿色经济为促进包容性和环境可持续的经济增长提供有效途径，成为欧盟与东盟 2014—2020 年合作重点领域之一。早在由欧盟大力支持的联合国可持续发展大会（“里约 +20”峰会）2012 年文件草案（Rio+20 Outcome Document, 2012）中就确定了以绿色经济转型为主要的可持续发展目标。在亚洲区域计划中，主要涉及两个方面内容：

一是继续支持可持续消费和生产（Sustainable Consumption and Production, SCP）。该行动计划旨在通过项目资金投入鼓励可持续消费和生产，促进绿色经济。以制造业和服务提供商尤其是微型和中型企业为重点关注目标，采用可持续消费和生产技术来减弱由环境退化和自然资源消耗获得的经济增长，提高产品和服务质量，扩大产品和消费组织的生命周期，促进可持续消费和环境友好型产品和服务的需求。同时发挥政府部门和机构以及零售连锁店在公共采购中的作用，带动消费者对环境友好型产品和服务的消费。

二是利用绿色基础设施投资预算限制环境敏感性国家的温室气体排放，提升气候变化的恢复力。区域计划和国家项目资金主要来自欧洲金融机构的混合贷款和欧盟的赠款。战略计划中明确指出亚洲投资基金（AIF）作为最近新设立的混合融资工具，通过技术援助、利息补贴和风险资本等方式在能源、气候变化、环境和自然资源管理、为中小型企业融资提供通路、交通领域的投资建设和欧盟互联互通总体规划等方面为亚洲区域提供助力，详见表 2-2-9。

表 2-2-9　2014—2020 年欧盟－亚洲合作战略中欧盟－东盟主要环境合作领域和项目

主题	领域	主要援助项目	主要内容
2014—2020 年亚洲区域多年度指标计划（MIP）	区域一体化中的气候变化、环境和灾害管理	多指标计划： ①东盟泥炭地可持续利用与雾霾缓 (SUPA) ②支持环境可持续和适应气候变化东盟城市建设 ③东盟灾害管理的能力建设 ④支持保护区的生物多样性保护和管理	气候变化、环境和灾害管理是该计划中的重点领域之一。在气候变化方面，优先解决泥炭地的可持续利用和由空气污染导致的雾霾问题、环境可持续、低碳和适应气候变化的城市建设以及环境教育等；针对欧盟（尤其是东南亚等自然灾害高发区）继续进行灾害管理的能力建设；此外，欧盟还计划为保护区的生物多样性保护和管理提供支持
	绿色经济	可持续消费和生产行动计划（SCP）	支持可持续消费和生产（SCP）。该行动计划旨在通过项目资金投入鼓励可持续消费和生产，促进绿色经济。以制造业和服务提供商尤其是微型和中型企业为重点关注目标，采用可持续消费和生产技术来减弱由环境退化和自然资源消耗获得的经济增长，提高产品和服务质量，扩大产品和消费组织的生命周期，促进可持续消费和环境友好型产品和服务的需求。同时发挥政府部门和机构以及零售连锁店在公共采购中的作用。带动消费者对环境友好型产品和服务的消费
		亚洲投资基金 (AIF)	利用绿色基础设施投资预算限制环境敏感性国家的温室气体排放，提升气候变化的恢复力。区域计划和国家项目资金主要来自欧洲金融机构的混合贷款和欧盟的赠款。战略计划中明确指出亚洲投资基金（AIF）作为最近新设立的混合融资工具，通过技术援助、利息补贴和风险资本等方式在能源、气候变化、环境和自然资源管理、为中小型企业融资提供通路、交通领域的投资建设和欧盟互联互通总体规划等方面为亚洲区域提供助力

资料来源：欧盟委员会（European Commission）网站，访问时间：2016 年 8 月 9 日。

▶ 项目资金分布

2002—2014 年，欧盟对亚洲的环境援助占援助总额的 16%，对东盟地区的环境援助占亚洲区域的 18%，主要援助国集中在印度尼西亚以及越南、缅甸和柬埔寨等湄公河国家。近几年，欧盟对印度尼西亚和越南的环境援助逐渐减少，对菲律宾和缅甸的援助金额逐步增加。2012—2014 年，菲律宾、缅甸和柬埔寨成为东盟国家的主要受益国，三年援助总额分别占东盟地区总额的 36%、30% 和 11%，详见图 2-2-3、图 2-2-4 和图 2-2-5。2011—2015 年欧盟－东盟重点环境援助项目如表 2-2-10 所示。

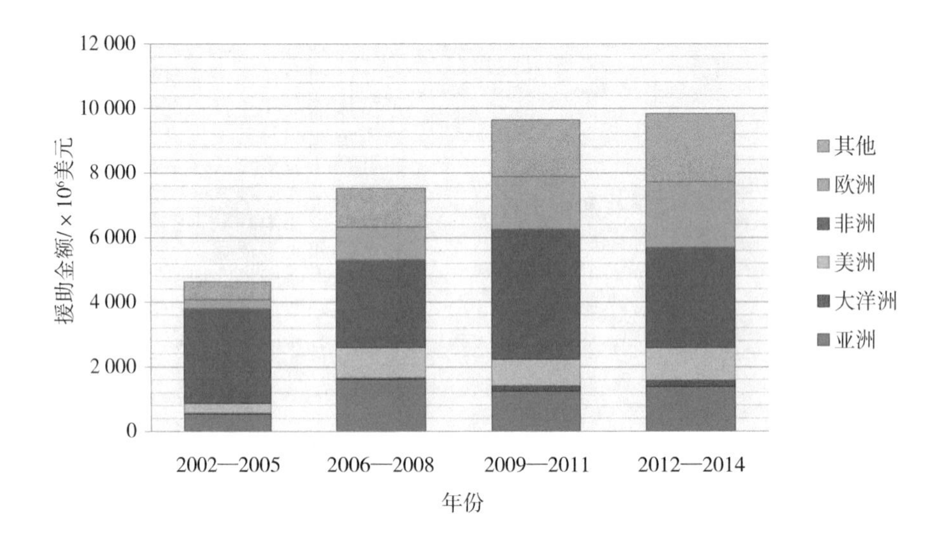

图 2-2-3　2002—2014 年欧盟双边环境官方发展援助区域分布

资料来源：经济合作与发展组织（OECD）官网，访问时间：2016 年 8 月 15 日。

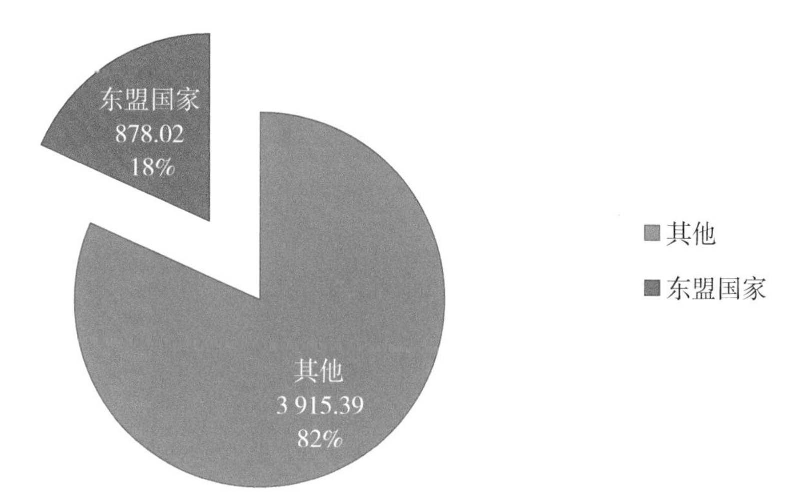

图 2-2-4　2002—2014 年欧盟环境官方发展援助亚洲区域分布（单位：百万美元）

资料来源：经济合作与发展组织（OECD）官网，访问时间：2016 年 8 月 15 日

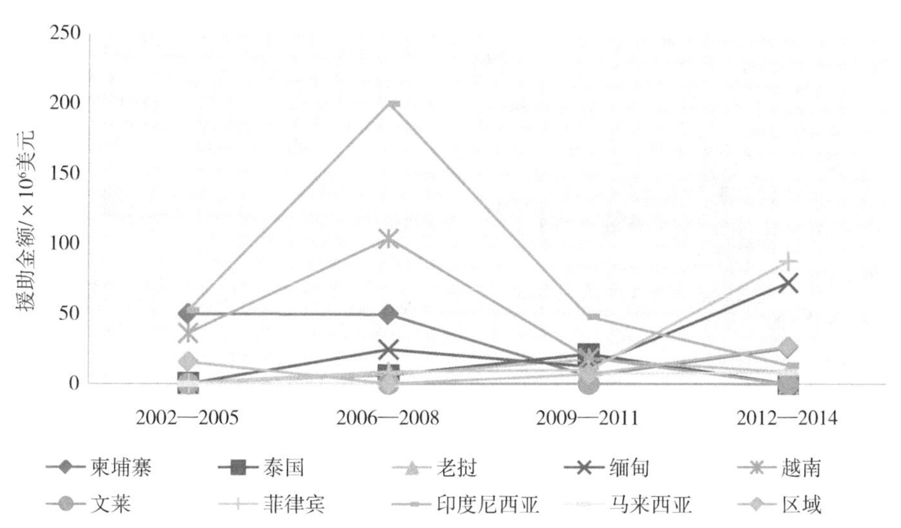

图 2-2-5　2002—2014 年欧盟环境官方发展援助东盟国家分布

资料来源：经济合作与发展组织（OECD）官网，访问时间：2016 年 8 月 15 日。

表 2-2-10　欧盟对东盟国家重点环境援助项目

地区 / 国家	项目描述	项目周期	欧盟贡献 / 万欧元	项目总金额 / 万欧元	项目类别
柬埔寨	社区森林管理和民生改善（CFML）项目	2013—2017 年	100.00	117.60	林业发展
越南	减少毁林和土地退化（REDD）的碳排放以及改善土地利用管理	2012—2013 年	4.08	4.08	林业政策与行政管理
	支持越南可持续生活和工作，促进绿色可持续消费	2012—2015 年	109.45	136.81	环境政策与行政管理
	环境与社会责任旅游业能力建设计划项目评估	2011—2015 年	300.32	300.32	旅游政策与行政管理
缅甸	加强环境与土地治理等领域的政策制定能力建设，满足实现千年发展目标	2013—2015 年	550.00	550.00	公共部门政策与行政管理
	环境保护与可持续发展：缅甸固体废物管理地方能力建设	2013—2016 年	90.00	120.00	废物管理 / 处置
	缅甸森林执法：调动公民社会奠定基础	2014—2016 年	134.71	168.50	林业政策与行政管理
	缅甸苏丹次区域优先走廊生物多样性关键领域长期保护	2014—2017 年	150.00	213.76	林业政策与行政管理
	可持续城市交通规划（SUMP）	2015—2017 年	66.32	88.43	公共部门政策与行政管理
	通过柬埔寨和区域最佳经验复制，改良缅甸炉灶并传播	2014—2018 年	200.00	240.74	中小型企业发展
	为提升缅甸环境治理，进行能力建设和加强地方非政府组织声音	2013—2017 年	48.47	64.62	民主参与与公民社会
	支持缅甸 Sagaing 省 Chatthin 野生保护区社区保育发展	2013—2015 年	5.95	64.62	就地保护
	环境治理观察	2015—2017 年	40.78	50.93	民主参与与公民社会

地区 / 国家	项目描述	项目周期	欧盟贡献 / 万欧元	项目总金额 / 万欧元	项目类别
缅甸	通过支持安全用水和卫生基础设施促进减贫和消除饥饿	2012—2017 年	800.00	800.00	农村发展
	为克伦邦贫困人民提升医疗服务、水和卫生设施以及权益保护	2013—2016 年	297.35	313.00	基本卫生保健
	为克伦邦人民创建后冲突环境，帮助流离失所者和难民安全返回	2013—2017 年	326.40	302.67	救援协调 / 保护和支持服务
	东南基础设施修复项目（SIRP）	2012—2015 年	560.00	700.00	跨部门援助
老挝	老挝炉灶改良项目	2013—2017 年	184.78	205.78	中小型企业发展
	清洁水与卫生	2013—2015 年	23.00	28.75	基本饮用水供应与卫生设施
菲律宾、泰国	菲律宾和泰国零碳度假村促进旅游业可持续发展	2014—2018 年	182.90	228.62	中小型企业发展

资料来源：欧盟委员会（European Commission）网站，访问时间：2016 年 8 月 9 日。

2.3.2 英国的环境合作与援助

英国是世界上主要的对外发展援助国之一。据经合组织统计，2014 年英国官方对外援助总额超过 117 亿英镑，是继美国之后世界第二大对外援助国。英国的对外援助主要由其国际发展部（DFID）负责，官方发展援助的绝大部分资金也是通过 DFID 支出的。提供援助的其他部门还包括：海外和共同财富办公室（FCO）、能源和气候变化部（DECC）、国防部（MOD）以及一家私人机构（CDC）。2014 年，能源和气候变化部是提供英国多边发展援助最大的非 DFID 机构，从中可以看出英国政府对气候变化问题的关注。英国官方发展援助主要包括双边和多边两种渠道。双边援助是英国实施对外援助的主要途径，重点援助 28 个国家，主要包括 4 种形式：项目直接融资（项目援助）、预算支持（对受援国政府总预算和部门预算的支出）、技术援助（不同类型专业技能的融资）和政府债务减免。

英国的环境援助占总体援助额在2005—2006年仅为1.5%，2006—2010年援助金额逐年增加，2010年上升为11.1%，2012—2014年下降并维持在5%左右，如图2-2-6所示。英国的环境援助主要归功于2007年宣布成立的英国环境转型基金国际窗口（Environmental Transformation Fund – International Window, ETFIW）。该基金由DFID和DECC共同出资8亿英镑，提供2008—2011年的环境援助资金，主要通过环境保护帮助发展中国家应对气候变化。2008—2012年，资金规模达到15.93亿美元。

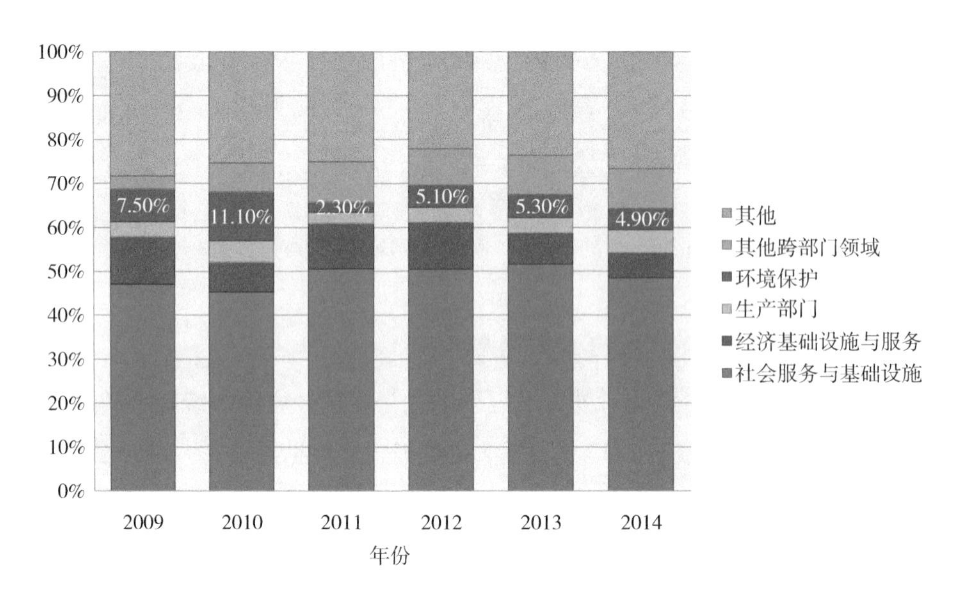

图2-2-6　2009—2014年英国双边官方发展援助部门分布

资料来源：英国国际发展部（DFID）网站，访问时间：2016年8月11日。

2008年八国集团首脑会议上成立了气候投资基金（Climate Investment Funds, CIFs），该基金投入超过60亿美元致力于解决全球气候变化和贫困问题，其中16亿美元来自ETFIW。

此外，ETFIW 还用于支持森林碳伙伴基金（Forest Carbon Partnership Facility, FCPF） 和刚果盆地森林基金（Congo Basin Forest Fund, CBFF）。在 ETFIW 平台下，英国于 2010 年又建立了一项由 DFID、DECC 和 Defra 共同管理的跨部门国际气候基金（International Climate Fund, ICF），通过帮助发展中国家适应气候变化、开展低碳增长和解决森林退化等问题实现国际减贫。该基金于 2011—2015 年投资 29 亿英镑提供与气候变化相关的援助资金。据规划，这项基金将占到 2014—2015 年度英国的官方开发援助的 7.5%，同时为了回应 2009 年的哥本哈根协议（Copenhagen Accord），英国政府已经许诺 2010—2012 年为减缓气候变化提供 15 亿英镑的援助，其中 5 亿英镑由 ETFIW 提供，其他则由国际气候基金提供。

为落实国际能源与气候变化战略，促进环境领域对外发展援助与合作，英国通过 ETFIW 以及 ICF 面向中等收入国家开展基于借贷的援助。2009—2014 年，英国主要针对非洲、亚洲、美洲、欧洲和太平洋地区进行双边 ODA，其中亚洲为英国 ODA 支出的第二大受益者。2014 年，英国对亚洲援助总金额超过 18 亿英镑，占 ODA 总支出的 39.8%，如图 2-2-7 所示。

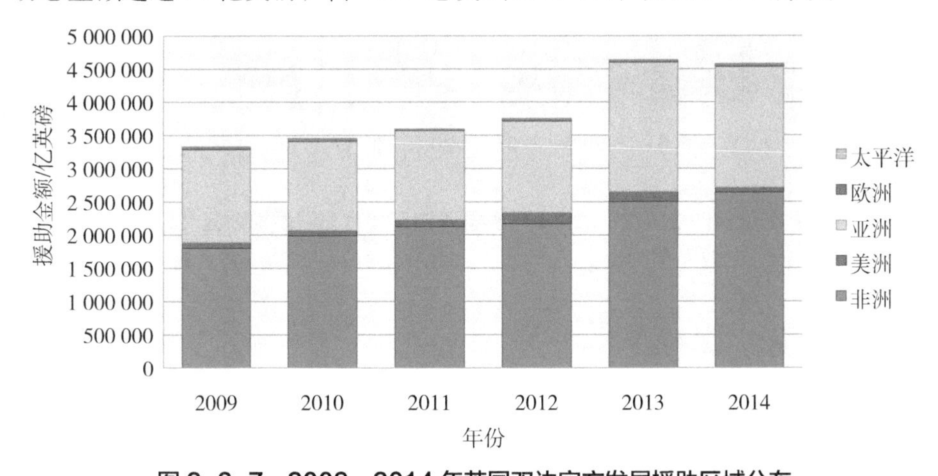

图 2-2-7　2009—2014 年英国双边官方发展援助区域分布

资料来源：英国国际发展部（DFID）网站，访问时间：2016 年 8 月 11 日。

根据 OECD 的 DAC 数据显示，2002—2014 年，英国对外环境援助总额约为 130 亿美元，主要集中于非洲和亚洲国家，对非洲和亚洲的环境援助金额分别占环境援助总额的 46%和 26%，详见图 2-2-8。东盟国家是英国对亚洲环境援助额最大的地区，占对亚洲环境援助总额的 92.21%。其中，越南、印度尼西亚、柬埔寨和缅甸等国家为主要受援国，分别占对亚环境投资总额的 64.21%、10.33%、7.79%和 9.33%，参见图 2-2-9、图 2-2-10。

DFID 官方数据指出，英国对东盟国家环境援助具体合作领域为气候变化、改善农村环境卫生以及减贫项目中的环境保护等，主要援助项目详见表 2-2-11。

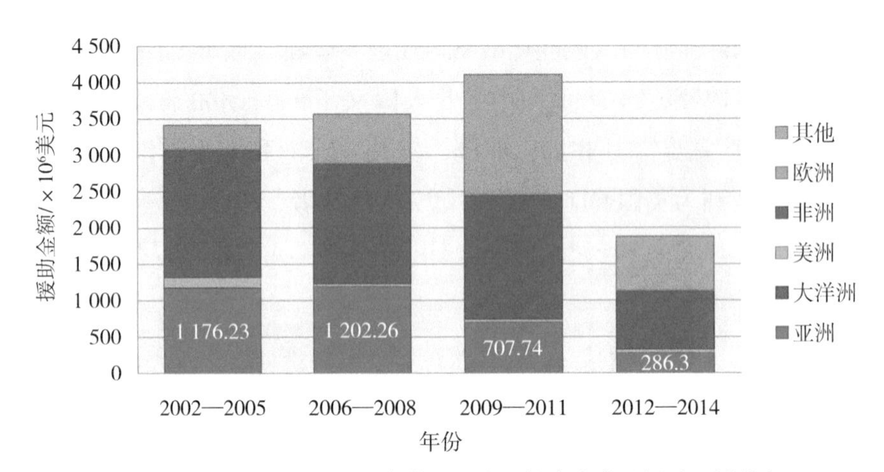

图 2-2-8　2002—2014 年英国双边环境官方发展援助区域分布

资料来源：经济合作与发展组织（OECD）官网，访问时间：2016 年 8 月 15 日。

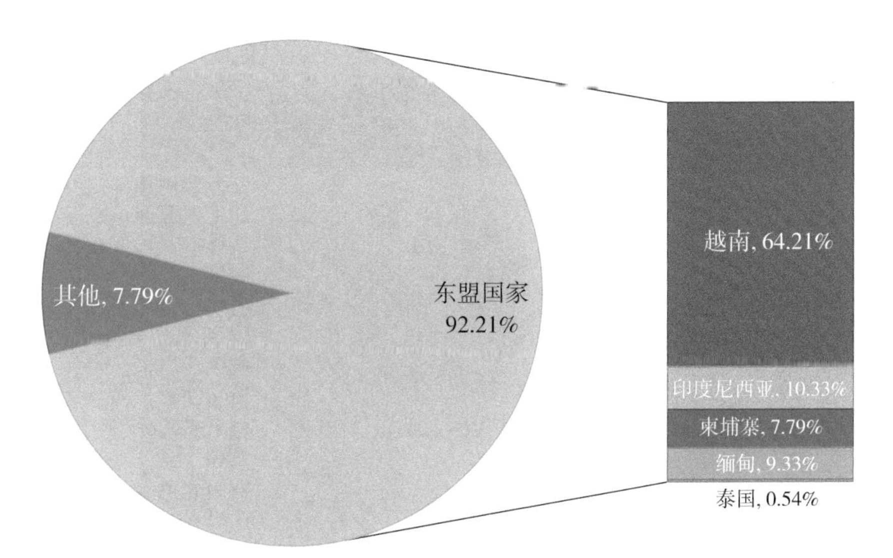

图 2-2-9　英国对亚洲环境援助区域分布（单位：百万美元）

资料来源：经济合作与发展组织（OECD）官网，访问时间：2016 年 8 月 15 日。

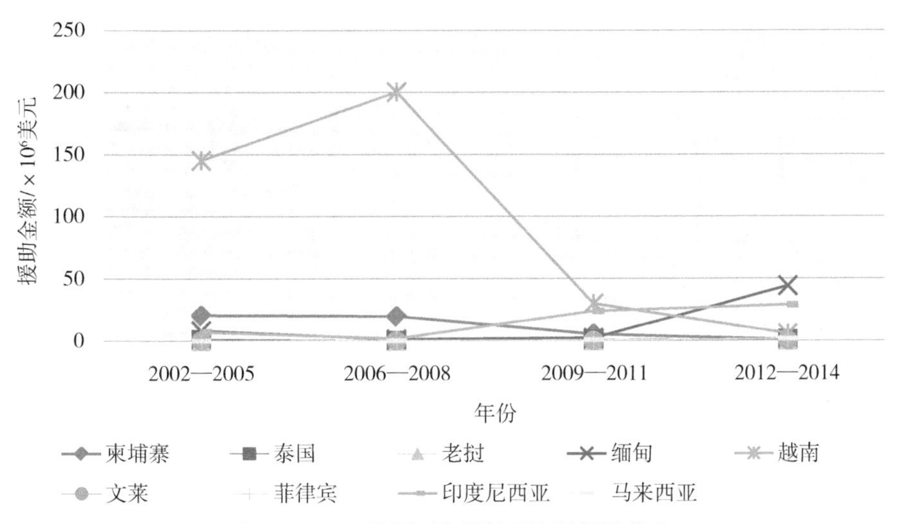

图 2-2-10　英国对东盟地区环境援助分布

资料来源：经济合作与发展组织（OECD）官网，访问时间：2016 年 8 月 15 日。

表 2-2-11　英国对东盟国家重点环境援助项目

地区／国家	项目名称	开始时间	资金来源	项目金额／美元	项目描述
印度尼西亚	印度尼西亚 CCAP 动员行动计划	2009 年 2 月 1 日	气候和环境小组	45 万	开发和应用部门办法减缓印度尼西亚重点工业温室气体排放，促进其参与国际气候变化框架
	支持印度尼西亚气候变化方案	2009 年 1 月 1 日	DFID－印尼	15 万	投资印度尼西亚气候适应性和缓解气候变化政策框架
	支持印度尼西亚气候变化方案	2009 年 1 月 1 日	DFID－印尼	85 万	投资印度尼西亚气候适应性和缓解气候变化政策框架
越南	越南：一个联合国倡议	2007 年 10 月 1 日	DFID－越南	700 万	有效实施联合国针对越南改革的“5-1”倡议，包括领导、计划、预算、一套管理系统和住房
	交通部门支持的农村交通项目 3	2006 年 3 月 1 日	DFID－越南	384 万	降低差旅成本，提高市场准入
	交通部门支持的农村交通项目 3	2006 年 3 月 1 日	DFID－越南	68 万	降低差旅成本，提高市场准入
	交通部门支持的农村交通项目 3	2006 年 3 月 1 日	DFID－越南	2 313 万	降低差旅成本，提高市场准入
	扶贫支持信贷（PRSC）6-10	2008 年 2 月 1 日	DFID－越南	1 亿	促进越南政府更好地实现社会经济发展计划（2006—2010）优先改革
柬埔寨	支持 2007—2010 年减贫与增长计划（PERGO）	2006 年 1 月 1 日	DFID－柬埔寨	750 万	为持续增长和减贫支持必要的政策改革，为穷人服务交付提供额外融资
	支持柬埔寨农村环境卫生	2008 年 2 月 1 日	DFID－柬埔寨	3 万	支持农村发展部门有效管理、协调和促进包括卫生教育的卫生服务
	支持柬埔寨农村环境卫生	2008 年 2 月 1 日	DFID－柬埔寨	120 万	支持农村发展部门有效管理、协调和促进包括卫生教育的卫生服务

资料来源：英国国际发展部（DFID）网站，访问时间：2016 年 8 月 11 日。

2.3.3 德国的环境合作与援助

德国是世界主要发达国家之一。德国发展援助始于1952年德国正式参加的联合国的扩展援助计划（Extended Assistance Scheme，即联合国开发计划署前身）。1961年，德国联邦政府设立了欧洲各国政府中第一个专门从事对外援助和发展合作的内阁部门——经济合作与发展部（BMZ，简称经合部），主管德国发展合作暨对外援助事务。而德国最主要的发展合作项目暨对外援助执行机构是德国国际合作机构（GIZ），它是一个在全世界范围内致力于可持续发展国际合作的联邦企业，是联邦政府、德国各州、对外政府和机构的服务提供商。其60%ODA预算来自BMZ，40%由其他部门和各州分担。此外，德国复兴信贷银行（KFW Bankengruppe）为国内和国际的基础设施及其他项目提供资金支持。当前德国政府正在推动对外援助机构改革，致力于通过GIZ与相关执行机构构建的伞形组织支持ODA，而投资领域基金仍由德国复兴信贷银行负责。

20世纪90年代以来，德国开始涉足环境和可持续发展援助。环境和气候变化是德国发展合作暨对外援助的重点关注领域，帮助发展中国家提升应对气候变化的能力是德国自身气候政策框架的一个组成部分。德国已在其国家环境与气候变化综合战略框架中强调了帮助发展中国家应对气候变化重要性。2009年9月，联邦政府在强调其未来与发展中国家发展合作项目的重点领域中，列入了环境、自然资源和气候变化相关内容。2010年BMZ又将环境保护和全球可持续发展列为其发展政策的核心目标，并希望通过与伙伴国家的双边发展合作和参与国际环境公约的方式实现其目标。目前德国环境和气候变化相关ODA所涉项目和地域广泛多样，重点关注发展中国家尤其是最不发达国家的发展能力建设，未来德国还计划进一步帮助发展中国家在国家战略、预算制定和多部门合作诸方面突出环境的重要地位。

2005年，德国对外气候援助金额仅为4.71亿欧元，2014年上升到23.44亿欧元。从区域视角来看，德国主要的环境双边官方发展援助地区为亚洲、非洲、美洲和欧洲，分别占对外环境援助总额的36%、27%、17%和10%。亚洲作为德国环境援助的最大受益地区，2002—2015年，援助金额高达175亿美元，对东盟国家环境援助金额为36亿美元，占对亚洲援助总额的20%。其中越南、印度尼西亚、菲律宾和老挝等国家为东盟地区主要的受益方，分别占对亚洲环境援助总额的9%、7%、2%和1%，详见图2-2-11、图2-2-12和图2-2-13。在亚洲，缓解气候变化和生态系统多样性保护是德国环境领域发展合作的两大首要目标。2002—2015年德国对东盟国家重点环境援助项目如表2-2-12所示。

专栏2-2-6　德国对亚洲环境合作重点关注领域

1. 促进能源效率和可再生能源

能源效率和可再生能源作为发展合作的一部分，德国支持技术现代化，并提供咨询服务和培训。这些措施都有助于减少由于发电而导致的环境污染并降低传输和分配过程中的能量损失。

2. 自然资源可持续管理和保护

农村地区稀缺自然资源可持续管理和森林保护是德国在亚洲的重要目标。德国在这些领域的项目可以更好地帮助亚洲减缓气候变化和保护生物多样性。

3. 环境友好型社会城市发展和工业环境保护

环境友好型城市与工业基础设施是德国针对亚洲的长远优先合作领域。德国为亚洲城市中心和工业厂房可持续发展提供建设性意见。

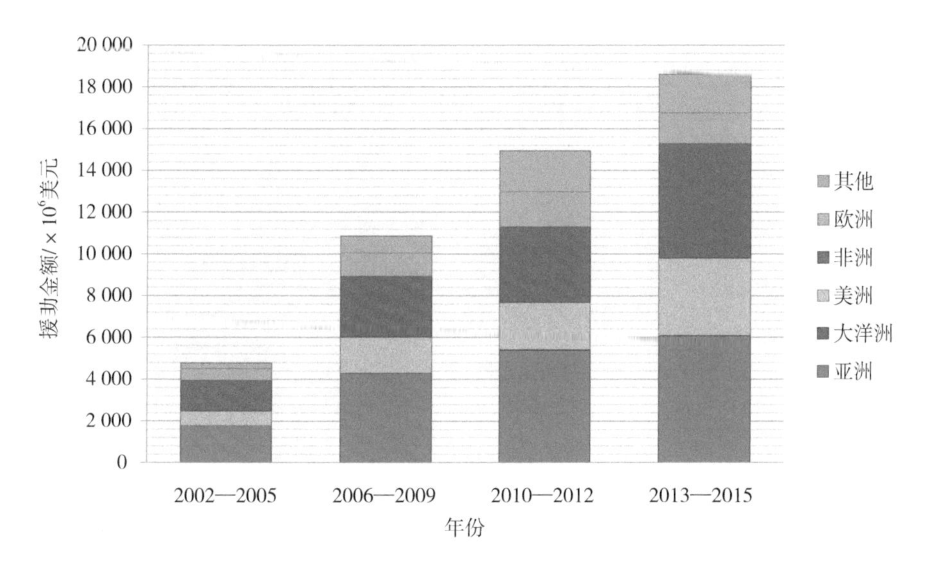

图 2-2-11　2002—2015 年德国双边环境官方发展援助区域分布

资料来源：经济合作与发展组织（OECD）官网，访问时间：2016 年 8 月 15 日。

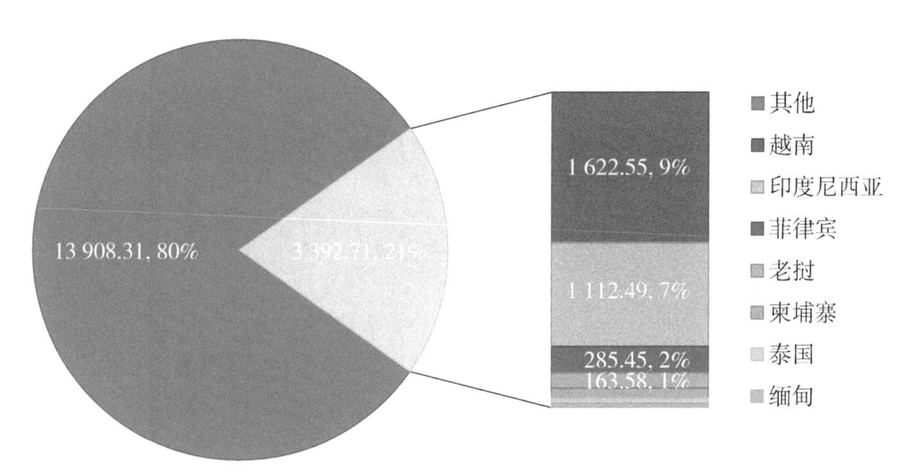

图 2-2-12　德国对亚洲环境援助区域分布（单位：百万美元）

资料来源：经济合作与发展组织（OECD）官网，访问时间：2016 年 8 月 15 日。

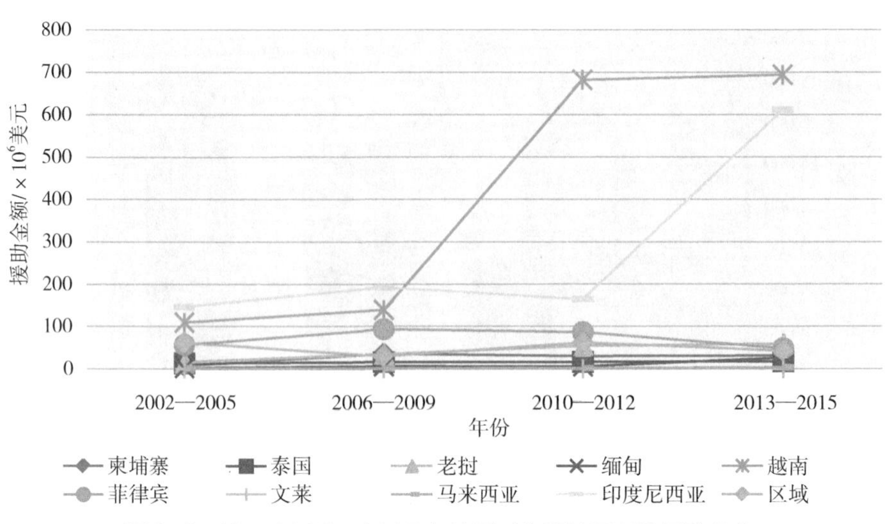

图 2-2-13　2002—2015 年德国对东盟地区环境援助分布

资料来源：经济合作与发展组织（OECD）官网，访问时间：2016 年 8 月 15 日。

表 2-2-12　2002—2015 年德国对东盟国家重点环境援助项目

地区 / 国家	项目描述	项目周期	委托方	项目类别
缅甸	缅甸掸邦农业价值链适应气候变化	2015—2017 年	BMZ	环境与气候变化
越南	支持越南扩大风能发电	2014—2018 年	BMZ	能源效率和可再生能源
	全球范围内适当的缓解措施	2014—2018 年	BMUB	环境与气候变化
	支持可再生能源发展	2012—2015 年	BMUB	能源效率和可再生能源
	省级中心废水与固废管理	2006—2014 年	BMZ	可持续城市发展
	森林生物多样性与生态系统服务保护与可持续利用	2014—2017 年	BMZ	生物多样性保护
	越南基于生态系统的适应性的战略主流	2014—2018 年	BMUB	生物多样性保护
	提高大中型沿海城镇和城市防洪排涝系统，帮助其适应气候变化	2012—2017 年	BMZ	环境与气候变化
	Phong Nha-Ke Bang 国家公园地区自然保护与可持续自然资源综合管理	2007—2016 年	BMZ	自然资源可持续管理和保护
	海岸带综合管理方案	2011—2017 年	BMZ	环境与气候变化

地区／国家	项目描述	项目周期	委托方	项目类别
泰国	通过基于生态系统适应性改善流域极端事件管理	2013—2016 年	BMUB	环境与气候变化
老挝	支持老挝－欧盟森林执法（ProFLEGT）	2013—2018 年	BMZ	自然资源可持续管理和保护
	Hin Nam No 地区自然保护与可持续自然资源综合管理	2013—2018 年	BMZ	自然资源可持续管理和保护
	支持气候相关的环境教育	2014—2017 年	BMZ	环境与气候变化
	通过环境保护防止森林退化	2014—2018 年	BMZ	自然资源可持续管理和保护
马来西亚	城市空气污染控制：交通和工业	2002—2006 年	BMZ	环境与气候变化
印度尼西亚	生物多样性与气候变化	2012—2016 年	BMUB	生物多样性保护／环境与气候变化
	促进农业与林业部门竞争力与恢复力	2015—2017 年	BMZ	自然资源可持续管理和保护
	森林与气候变化计划	2009—2016 年	BMZ	自然资源可持续管理和保护／环境与气候变化
	环境与气候变化政策建议	2009—2015 年	BMZ	环境与气候变化
菲律宾	适应沿海地区气候变化	2011—2016 年	BMUB	环境与气候变化
	加强保护区管理	2012—2017 年	BMUB	生物多样性保护
	Sulu-Sulawesi 海洋生态区联合保护	2012—2017 年	BMUB	生物多样性保护
	绿色经济发展	2013—2016 年	BMZ	环境与气候变化
	支持菲律宾国家和国际政策	2015—2019 年	BMUB	环境与气候变化／能源效率和可再生能源
	减少毁林排放等行动的激励政策和机制系统改善	2012—2017 年	BMUB	环境与气候变化
	帕奈森林和气候保护	2014—2018 年	BMUB	环境与气候变化／自然资源可持续管理和保护
	减少毁林排放和森林降解	2009—2013 年	BMUB	环境与气候变化／自然资源可持续管理和保护
	东盟生物多样性中心－生物多样性与气候比变化	2010—2015 年	BMZ	生物多样性保护／环境与气候变化
	环境与农村发展项目	2005—2015 年	BMZ	环境与气候变化

注：BMUB：德国联邦环境、自然保育、建设及核能安全部。

资料来源：德国国际合作机构（GIZ）网站，访问时间：2016 年 8 月 11 日。

2.3.4 法国的环境合作与援助

法国是世界上主要的对外发展援助国之一。以对外援助预算额计，法国是世界第四大对外发展援助国，每年在援外领域贡献将近 100 亿欧元（2014 年援外总额为 117.26 亿欧元），其国家对外援助额占法国国民总收入的 0.46%。

法国开发署（Agence Française de Développement，AFD）是法国对外援助的主要管理和执行机构。前身机构是戴高乐将军在 1941 年流亡英国时建立的“自由法国中央基金”。随着法国殖民地的独立，该机构历经从负责海外领地经济事务到向贫困国家提供对外援助的职能转变。法国全球环境基金（French Global Environment Facility/Fonds Français pour l’Environnement Mondia，FFEM）是法国对外环境援助的主要执行机构，隶属于主管经济、外交、环境、科研的政府职能部和负责基金秘书处工作的法国开发署。该机构由财务与公共账户部（MINEFI）、外交和国际发展部（MAEDI）及生态、可持续发展和能源部（MEDDE）等组成的指导委员会共同经管。所有的项目和方案通过一或两个指导委员会成员机构进行准备、提出、监测以及评估。该机构的整体目标是促进发展中国家和经济转型国家采取和实施与我们保护地球长远的生态平衡相符的、可持续的和负责任的发展战略、规划和项目。其具体目标是通过赠款的方式，对世界环境有显著和可持续影响的发展项目提供资金支持（如生物多样性、温室效应、国际水资源、臭氧层、土壤退化、持久性有机污染物等）。

2005 年，法国政府在教育、健康和防治艾滋病、水和污水处理、农业和食品安全，保护环境和生物多样性等领域制定了发展援助战略。同时，法国政府还在治理、可持续发展和性别平衡 3 个领域制定了交叉战略。

2008 年法国的多部门交叉政策文件表明，在“优先团结地区”[①] 的 55 个

① 1998 年以前，法国将受援国分为“阵营国家”和“阵营外国家”两类。“阵营国家”指的是 37 个原法国殖民地国家和后来逐渐加入的非洲国家。而其他接受法国援助的国家为“阵营外国家”。1998 年开始，法国政府调整了对外援助地区政策，由原来“阵营国家”（法语国家）和“阵营外国家”的二元划分转变为“优先团结地区”政策。“优先团结地区”不仅包括低收入且没有进入资本市场的最不发达法语国家，同时也向非法语国家开放，从而保证地区行动的更好协调。“优先团结地区”包含的国家可以获得更加广泛的合作手段和最优惠的援助资金。“优先团结地区”国家名单每年由法国发展和国家合作部际委员会根据具体情况确定。

国家，法国发展援助政策的主要目标是促进增长、减少贫困和更容易地利用全球公共产品，以帮助这些国家 2015 年实现千年发展目标。法国援助资金投向主要集中于教育、水和污水处理、健康和对抗艾滋病、农业和食品安全、撒哈拉以南非洲的基础设施发展、保护环境和生物多样性、发展生产部门、治理、高等教育和研究 9 个部分。其中，FFEM 的多年度战略计划框架针对环境领域提出了具体的战略要求。

为推动全球环境领域创新和可持续发展，2013 2014 年，FFEM 耗资 30.82 万欧元开展了 38 个新项目，主要集中于撒哈拉以南的非洲以及地中海地区。此外，FFEM 与环境保护参与者尤其是私营部门继续加强伙伴合作政策，还为私营部门成立了创新基金（FISP Climate），鼓励发展中国家与地方行动者进行气候变化和相关领域的创新融资。2015—2018 年战略计划框架中 FFEM 将以可持续消费和生产以及创新工艺为两大首要目标，优先关注生物多样性创新融资、综合管理和沿海及海洋区域的恢复力、可持续农业和森林、可持续发展的城市地区和能源过渡 5 个话题领域，支持私营部门、民间社会和研究机构的参与，共同促进伙伴关系发展。

专栏 2-2-7　法国环境合作重点领域及内容

1. 可持续农业和森林

预计到 2050 年全球人口将达到 97 亿，农业目前面临供养全球人口的挑战。此外，由于人类活动和自然灾害造成的生物多样性骤减、土壤和森林退化日益严峻，这些问题将影响气候变化的适应性和温室气体排放。FFEM 援助项目将生物多样性、水资源、土地退化和全球粮食安全等环境参数纳入援助范围，通过支持当地发展和规划、鼓励适应气候变化的农业模式、保护生物多样性和自然资源的可持续管理等倡议重点关注 3 个战略领域，包括促进可持续农村发展、保护自然资源和生态系统以及促进气候变化的恢复力。

2. 可持续城市发展

发展中国家城镇和城市有人口密度高和城市化程度高等特点。通过城市规划考虑环境、经济和社会的脆弱点有助于适应气候变化和促进经济发展。FFEM 通过适应气候变化，城市更新环保方法和改善废弃物管理的整体办法支持发展中国家和新兴国家城镇和城市的可持续发展。重点战略领域包括：整合应对气候变化工具进行战略城市规划、城市自然和半自然空间发展、促进居民区可持续翻新以及废物管理和化学污染。

3. 生物多样性创新融资

生态系统为人类生存提供必要的自然资源与服务，但由于人类活动受到很大威胁，为符合生物多样性公约的三大主要目标，FFEM 鼓励创新型融资机制与加强机构、监管和法律框架相结合，寻找多种机制的互补性以最大限度发挥协同效应，旨在为生物多样性保护长期发展调动更多资源。为满足发展中国家的需要，FFEM 鼓励加强和扩展已存在的融资机制，适应特定条件或区域下已经尝试或测试过的示范项目。融资机制的优先级必须满足生物多样性管理的融资需求。 FFEM 支持保护区持续融资的优先机制，以便评估特定保护区的环境影响。2015—2018 年，FFEM 根据 4 个主要战略领域促进项目开展，分别为环境服务支付、生物多样性保护信托基金、生物多样性友好市场发展和依照防止、减少和补偿顺序依次进行生物多样性残留危害登记补偿。

4. 沿海和海洋区域综合管理和恢复力

海洋和沿海地区作为独特的生态系统不仅是提供自然资源和人类大量经济活动的重要来源，还对调节气候变化做出巨大贡献。然而，沿海生态系统人类活动聚集、气候变化和沿海地区治理不力的累计效应对生态系统产生严重威胁。

FFEM 通过沿海和海洋地区综合管理（IMCMA）对这些地区进行保护，结合海岸带综合管理（ICZM）和海洋与海洋区综合管理（IMAM) 两种方式，进行经由领海和专属经济区（EEZ）从集水盆地到公海的一系列保护措施。

5. 能源过渡

当前面临的挑战是发展中国家如何不通过发达国家经历过的高排放发展阶段，在获取能源的同时能够从创新技术中获益并应对气候变化。FFEM 资助项目鼓励完善能源政策，旨在丰富能源结构、提高能源利用率，同时更好地结合发展中国家的具体情况，实现能源可持续发展。其中，主要战略领域涉及支持公共政策、通过金融工具促进和升级公私伙伴关系、可再生能源生产部门或高能效设备发展以及测量、报告和核实（Measure, Reporting and Verification, MRV）工具开发。

OECD 官网数据显示，法国官方发展援助主要集中于非洲和亚洲地区，2002—2014 年，对非洲和亚洲环境援助金额分别占环境援助总额的 38% 和 27%。东盟国家为亚洲主要受益国，占对亚洲援助总额的 88%。其中，印度尼西亚和越南为该地区主要援助国，尽管近几年对印度尼西亚和越南的援助金额保持下降趋势，仍然占东盟地区投资总额的 41% 和 32%（2012—2014 年）。对菲律宾环境援助在 2014 年突然上升至 1 469 万美元，同比增长 375%，详见图 2-2-14、图 2-2-15 和图 2-2-16。

FFEM 在非洲和地中海、拉美、亚太和东欧开展的环境援助项目包括生物多样性、气候变化、国际水域、土地退化和难降解有机污染物等领域。协议框架下的 1994—2015 年项目进度报告显示，1994—2015 年 FFEM 涉及援助资金超过 0.33 亿欧元，68% 的资金投入非洲和地中海地区，亚太地区主要涉及 34 个国家和区域项目，全部位于亚洲地区，耗资约 3 783 万欧元，占 FFEM 援助资金总额的 11%，情况如表 2-2-13 和图 2-2-17、图 2-2-18 所示，FEMM 对东盟国家重点环境援助项目以及地区和援助领域分布如表 2-2-14 所示。

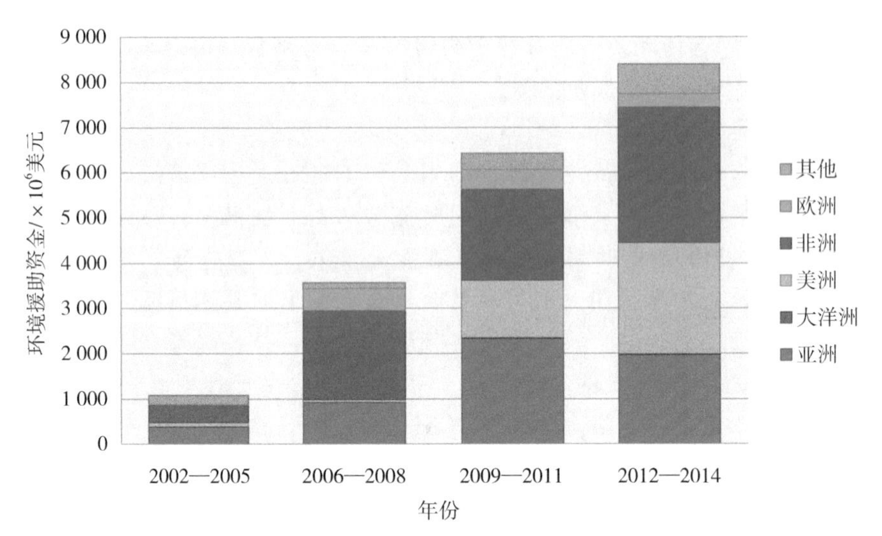

图 2-2-14　2002—2014 年法国环境援助重点区域分布

资料来源：经济合作与发展组织（OECD）官网，访问时间：2016 年 8 月 15 日。

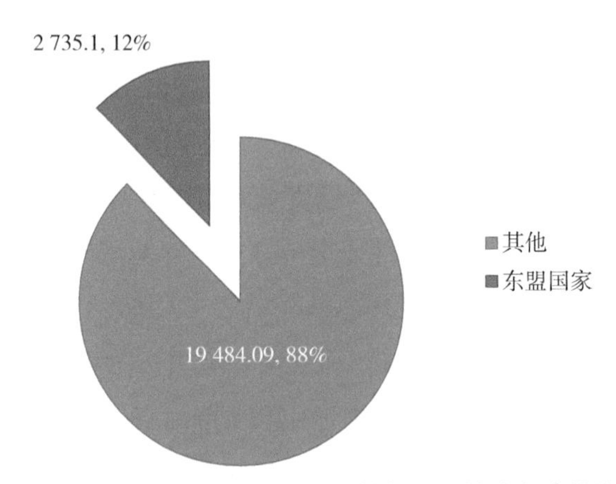

图 2-2-15　2002—2014 年法国对亚洲环境援助区域分布（单位：百万美元）

资料来源：经济合作与发展组织（OECD）官网，访问时间：2016 年 8 月 15 日。

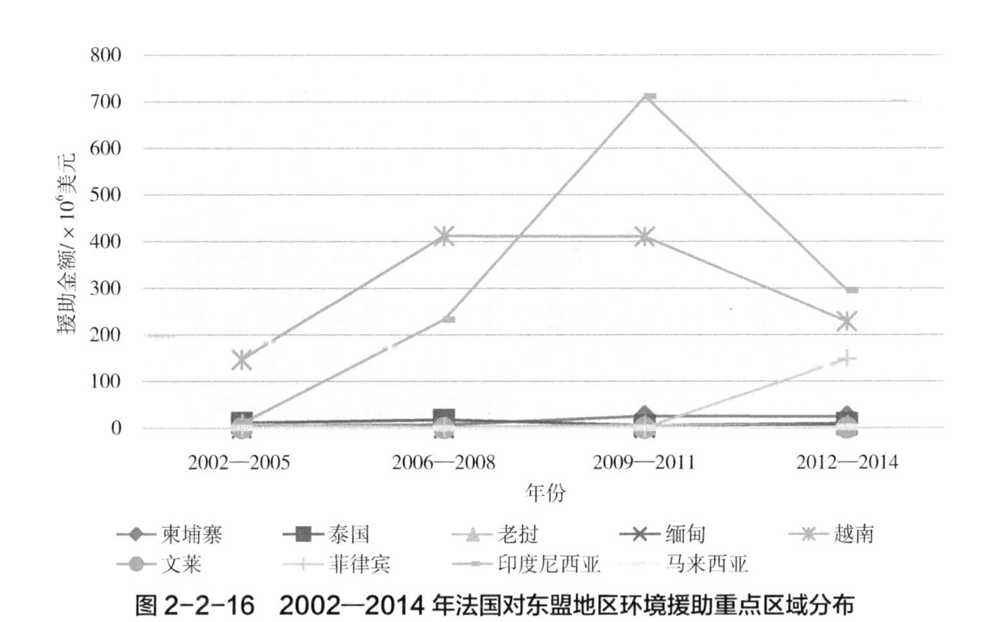

图 2-2-16　2002—2014 年法国对东盟地区环境援助重点区域分布

资料来源：经济合作与发展组织（OECD）官网，访问时间：2016 年 8 月 15 日。

表 2-2-13　1994—2015 年 FFEM 地区项目分布

地区	项目数量 / 个	FFEM 贡献 / 欧元	项目总金额 / 欧元
非洲和地中海	192	225 867 972	1 882 970 543
拉美	47	53 141 331	433 706 235
亚太	34	37 827 485	897 481 814
东欧	12	14 248 645	160 151 520
合计	285	331 085 433	3 374 310 111

资料来源：法国全球环境基金（FFEM）网站，访问时间：2016 年 8 月 11 日。

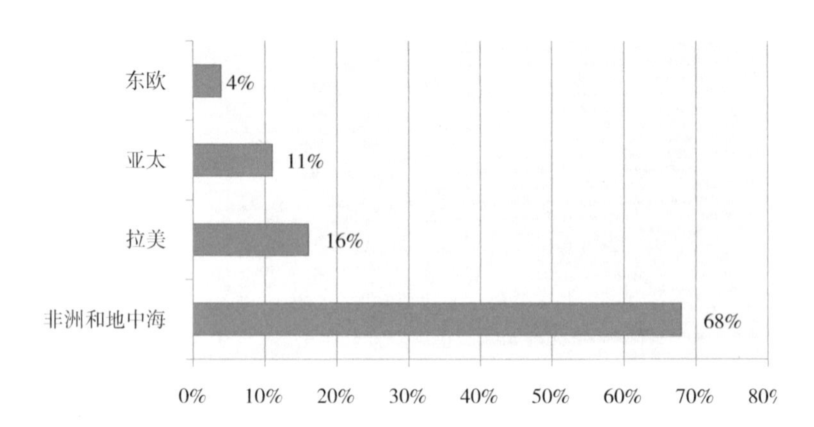

图 2-2-17　1994—2015 年 FFEM 地区项目金额分布

资料来源：法国全球环境基金（FFEM）网站，访问时间：2016 年 8 月 11 日。

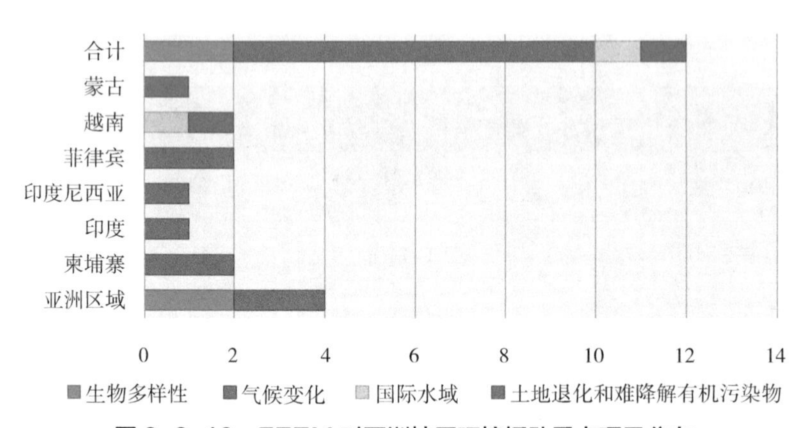

图 2-2-18　FFEM 对亚洲地区环境援助重点项目分布

资料来源：法国全球环境基金（FFEM）网站，访问时间：2016 年 8 月 11 日。

表 2-2-14　2011—2015 年 FEMM 对亚洲国家重点环境援助项目

地区 / 国家	项目描述	项目周期	FFEM 贡献 / 欧元	项目总金额 / 欧元	领导机构成员
生物多样性					
亚洲地区	促进当地人口和私营运营商一体化实现中缅生物多样性热点中保护区可持续发展	2013 年至今	750 000	2 500 000	AFD
	中缅生物多样性热点中，针对老挝、缅甸和柬埔寨 5 个保护区，通过活动建立私营部门与邻近社区生态可持续收入、生态旅游或公私营伙伴关系，促进多参与者合作伙伴关系，实现保护区可持续管理	2014 年至今	1 200 000	4 570 000	AFD
气候变化					
柬埔寨	通过碳市场为低碳技术进行大规模配送方案	2011—2014 年	1 350 000		ADEME, AFD
	FISP - 通过小型网络私人气化炉实现农村电气化（ELGAP）	2014—2017 年	430 000	2 033 438	MINFI
印度	FISP – 结合可再生能源（生物质或太阳能锅炉）和有机朗肯循环（ORC）型技术设计与实现发电厂建设	2013—2015 年	400 000	1 707 000	MINFI
印度尼西亚	FISP - 出流物沼气以及木薯淀粉厂副产品生产 (GEH)	2014—2016 年	500 000	5 070 000	MINEFI
菲律宾	通路绿色基础设施建设加强海岸恢复力，减少灾害风险，增加岛屿气候变化适应性	2015—2019 年	1 510 000	4 477 124	MAEDI - MEEM
	稻草作为生物质燃料结合有机朗肯循环（ORC）型技术实现新能源利用	2015 年至今	500 000	5 200 000	MINEFI
亚洲区域	鼓励社会企业参与开拓能源，卫生和清洁水等领域市场	2015—2019 年	2 000 000	6 250 000	AFD
	生态建设全球基金	2015 年至今	2 000 000	803 000 000	MEEM–AFD
国际水域					
越南	支持 Ha Phong、Ha Long 和 Bai Tu Long bays 的综合管理，促进可持续发展	2015—2019 年	1 200 000	15 760 000	AFD
土地退化和难降解有机污染物					
蒙古	结合游牧畜牧业实践的改进，促进戈壁滩可持续羊绒生产	2014—2018 年	1 200 000	3 598 797	MAEDI–MAAF

资料来源：法国全球环境基金（FFEM）网站，访问时间：2016 年 8 月 11 日。

3

发达国家开展国际环境合作的主要经验

不同发达国家开展国际环境合作虽然合作方式迥异、区域分布不同、重点领域有所区别，但其在各自环境合作与援助发展的过程中都积累了很多宝贵经验，值得中国推动环境保护“走出去”的过程中予以借鉴。

3.1 环境合作与援助均为本国政治外交和经济利益服务

如美国参与湄公河地区环境合作，即是奥巴马政府强势回归东南亚地区的重要战略布局；而发展与拉美地区的环境合作，一方面因其重要的地缘战略意义，另一方面拉美地区是美国主要的贸易与投资地，更是美国贸易顺差的重要来源地，对于美国的发展而言，具有重要的经济意义。再如日本，对于亚洲地区、非洲地区的环境合作与援助，本质意义上是打着环境援助的公益大旗，一边提供全球公共产品，一边参与全球治理，同时还追逐国家目标的重构、国家利益的延伸和国家权力的增值。

3.2 积极参与和发起国际合作机制，特别是国际环境合作机制，以此为平台和框架推进环境合作与援助

美国借助湄公河下游四国－美国外长会议的机制，在湄公河地区开展环境合作，作为介入该地区事务的重要切入点，在拉美地区则以双、多边投资贸易协定为载体，建立固化环境合作机制，签署环境合作协议，明确环境合作战略，为整体环境合作与援助建纲立制提供保障。日本则主导建立了日本－东盟环境合作对话和湄公河次区域合作机制，并在东北亚地区环境合作会议、中日韩三国环境部长会议、东北亚酸沉降监测网等机制中积极发挥作用。

3.3 结合自身利益和关切，聚焦各区域关注的重点领域开展环境合作与援助

当前，发达国家对清洁能源、气候变化、清洁水、可持续城市等领域有着较强的关注和较大的优势，而发展中国家则在水资源、生物多样性保护、污染治理、能力建设等方面需求强烈。因此，发达国家多借助环境合作与援助，在帮助发展中国家提高资源能源利用效率，加强污染治理和生物多样性保护能力的过程中，嵌入发达国家优势领域和技术，在支持发展中国家可持续进程的同时，也满足自身收集信息、占领市场、扩大影响的要求。

3.4 以项目为载体，配套相应资金投入，务实推动环境合作与援助

除机制建立和政策对话外，发达国家与发展中国家的环境合作与援助均以项目的形式组织实施，并配以巨额投入提供资金保障。美国在2010—2015年为东盟提供了40亿美元的开发项目作为双边合作的支撑，在拉美与加勒

比地区开展的环境援助项目涉及资金在 29 620 万美元以上。日本则在 1992—1996 年向全球提供了 14 400 亿日元的环保援助，自 2010 年以来对东盟国家的环境无偿援助达到 278 亿日元，贷款 2 021 多亿日元，开展了 20 多项官方环境援助项目。英国和法国还分别成立专门基金为国际环境合作提供支持，德国的银行和金融机构也成为环境合作与援助的重要资金来源。

3.5 以环境对外援助为切入点，由本国专门的对外援助机构作为依托和支持

从发达国家的实践中可以看出，在发展阶段不同、能力水平悬殊的情况下，对外援助是开展环境领域合作的最重要也是最有效的切入点。而要切实推进具体项目的实施，保障合作和援助的有效运行，需要有分工明确、务实高效的执行机构作为依托和支撑。对于美国政府而言，就是由国务院和白宫负责对外合作与援助的政策决策，美国国际开发署负责对外援助项目的执行，其他有关部门如财政部、国防部等根据各自职能和资源提供协助。日本、英国、德国、法国分别设有日本国际协力机构、英国国际发展部、德国国际合作机构、法国开发署专门负责对外合作与援助的管理和执行。

实践篇

I

PRACTICE

1

中国开展区域环境合作的进程与特点

随着综合国力不断上升、国际地位及影响与日俱增，中国的区域环境合作经历了从封闭到开放并逐步融入国际社会的历程。许多区域环境问题的解决也越来越离不开中国的参与，中国参与区域环境问题从最开始的“被动应对”到“积极参与”再进一步到开始“发挥建设性作用”，可以看出中国目前已经到了为区域环境与可持续发展做贡献的重要历史阶段。中国参与区域环境合作的进程大致与国际环境合作发展的进程相匹配，根据国内和国际环境保护形势的变化，各阶段的侧重点有所不同。

第一阶段，20 世纪 70 年代初至 70 年代末，中国初登区域环境合作舞台，参与国际环境与发展进程。以参加联合国人类环境大会为标志，我国的国际环境合作于 1972 年起步，并逐渐形成以与联合国系统的合作为主体、以“不出头、不扛旗”为基本原则和态度的区域环境合作状态，这与我国当时的发展阶段、在国际社会的影响力和总体外交政策相适应。

第二阶段，20 世纪 80 年代初到 90 年代初，稳步发展、积极引进是区域环境合作的主旋律。这一时期是我国改革开放的蓬勃发展的时期，“开放和引进”是经济社会发展的主要特点，与此相适应，区域环境合作主要以双边合作、国际组织合作等为主渠道，并以引进资金、引进技术和先进的管理经验为主，国内环境政策也随着区域环境合作的不断深化，汲取了大量国际经验。

第三阶段，20 世纪 90 年代初至 21 世纪初，积极务实，拓展区域环境合作空间。以 1992 年环发会议的筹备为起点，中国的国际环境合作开始从被动“接纳”转为主动“参与”，区域环境合作取得很大进展。随着中国经济实力的不断增强，国际影响力不断提升，我国的区域环境合作呈现出积极务实的特点。1997 年，中国宣布要做“负责任大国”，在环境保护方面也意味着要承担与自己国际能力相符合的大国责任，但是我国还面临着参与区域环境保护能力和经验不足等的挑战，因此，该阶段我国区域环境保护合作呈现出“行动务实、适度参与”的特点，对外，积极树立良好的环境保护国际形象，履行与我国发展水平和发展阶段相适应的环境保护责任；对内，采取“以外促内”，继续加大引进国际先进管理经验和技术的力度，促进国际环境保护工作与国际接轨，提升水平，加强能力建设。

第四阶段，以 2002 年可持续发展世界首脑会议为起点，以党的十七大提出的“相互帮助，协力推进，共同呵护”环保国际合作十二字方针为标志，我国环境国际合作成为我国走和平发展道路和落实国家总体外交战略的重要组成部分，进入新的历史阶段。

综合中国 40 多年来参与环境保护国际合作的历史发展轨迹，可以发现如下显著特征：

第一，中国的环境保护国际合作始终服务于国家外交的大政方针。我国的国际环境合作的原则、工作重点和方式是与中国的国情和发展阶段相适应的，是我国根据时代发展潮流和国家根本利益做出的战略抉择。

第二，中国参与区域环境合作呈现机制化、多元化的特点，是国际社会不可或缺的主要力量。从国际环境保护与全球可持续发展的进程看，环境问题已不仅是单纯的环境问题，而是与政治问题、经济问题、社会问题紧密地交织在一起。作为国际环境合作不可或缺的力量，中国参与区域环境合作呈现机制化、多元化的特点，并与国际环境与发展进程不断融合。而作为最大的发展中国家，中国一直以积极的态度参加国际环保合作，在国际环境与发展领域中发挥了建设性作用，受到国际社会的广泛赞誉，被发展中国家视为可靠的朋友，被发达国家看作愿意合作的伙伴。

第三，中国的国际环境合作与国内环境保护发展相互呼应，呈现理性务实的特点。中国的可持续发展道路，涉及国内和国际两个大局，国际与国内的环境与发展进程相互促进、相互制约，密不可分。这就要求我国新时期的国际环境合作必须统筹国内和国际两个大局，转变合作理念，创新合作方式，深化合作领域，努力为国内可持续发展创造有利的国际空间。

2

中国政府推动区域环境合作实践

中国政府积极推动和参与区域环境合作实践，已经形成了中国－东盟、中国－上合组织、澜沧江－湄公河、中非、中拉、中阿等多个环境合作机制和框架，同时开展了众多环境项目，在实践层面推动了南南环境合作的发展。

2.1 中国－东盟环境合作

中国与东盟成员国在自然地理和生态环境等方面具有十分密切的联系。中国与东盟各国均面临着经济发展和环境保护的双重压力与挑战。加强双方在环境保护领域的合作，不仅有利于改善本地区的环境状况，更重要的是促进社会、经济和环境的可持续发展，实现互利共赢。

2.1.1 发展历程

中国与东盟在环境领域的合作已有近 10 年的历史。双方的合作始于东盟与中日韩（10+3）机制项下的合作。2002 年 11 月在东盟与中日韩领导人会议上，由东盟方面提出召开东盟与中日韩（10+3）环境部长会议的倡议，并希望在自然资源、土地利用、水资源保护等方面开展区域合作。倡议得到领导人会议的批准，东盟与中日韩（10+3）环境部长会议作为领导人会议机制下的一个重要组成内容，自 2002 年起每年在东盟成员国轮流举行。2002 年在老挝举行的第一届东盟与中日韩（10+3）环境部长会议上，确定以东盟制定的十个优先领域为合作基础，2003 年在缅甸举行的第二届会议上，部长们支持拟定优先领域的合作行动，随后的每届会议，中日韩三国均围绕十大优先领域推动与东盟的项目合作。

2007 年在第三届东亚领导人会议上，各国领导人签署了《气候变化、能源和环境新加坡宣言》，并支持召开东亚环境部长会议推动实现东亚各国领导人关于环境保护的愿景。在此基础上逐渐形成了东盟十国、中国、日本、韩国、印度、澳大利亚和新西兰的东亚环境部长（10+6）合作机制。2008 年 10 月 9 日，首届东亚环境部长会议在越南河内召开，东盟十国、中国、日本、韩国、印度、澳大利亚和新西兰十六国环境部长级官员或代表与会，会议发表了《首届东亚环境部长会议部长声明》，并呼吁建设“环境可持续发展型城市”。

在“10+3”和“10+6”机制合作的基础上，中国－东盟（10+1）合作取得了快速发展。在“10+1”框架下，中国与东盟陆续举办了环境领域系列对话和研讨活动，包括中国－东盟环境管理研讨会、中国－东盟环境标志和清洁生产研讨会、中国－东盟环境影响评价及战略环境影响评价研讨会等。上述活动增进了中国与东盟国家间的了解，为进一步深化双方环保合作奠定了基础。

2007 年第十一次中国－东盟高峰会议上，中国国务院时任总理温家宝提出：“我们愿同东盟探讨制订中国－东盟环境保护合作战略，建立中国－东盟环境保护合作中心，建议适时建立中国－东盟环境部长会议机制。”这一年，环境保护被列为中国－东盟领导人会议机制下第十一个重点合作领域。为落实 2007 年领导人会议上的倡议，2009 年双方联合编制完成了《中国－东盟环境保护合作战略 2009—2015》。2010 年 3 月，中国－东盟环境保护合作中心成立，并确定为中国与东盟环保合作战略的中方实施机构，主要负责协助制定和磋商中国－东盟环境合作战略与行动计划等指导性文件，在战略和行动计划的指导下有序开展、重点推进环境政策对话与交流、生物多样性与生态保护、环保产业与技术交流、环境管理能力建设、联合研究等领域合作。该中心也是中国首个区域环境合作机构，重点负责南南环境合作事务。

2010 年 10 月召开的第十三次中国－东盟领导人会议上，《中国－东盟环境保护合作战略 2009—2015》得到与会各方的确认和通过。该文件明确了 2009—2015 年中国－东盟开展环境合作的目标，即为适时建立中国－东盟环境部长会议机制提供支持；寻求基本共识，加强环保合作，促进东亚环境与可持续发展进程；开拓中国－东盟环境合作新领域，确立地区环保合作示范项目；与东盟成员国，东盟环保机构，特别是与联合国有关机构和其他国际组织与机构发展伙伴关系；研究其他多边或区域环境合作机制的相关经验，促进中国－东盟环保合作与其他双边和多边援助机构的合作。此次会议上，温家宝同志发表讲话提出，“双方要根据《中国－东盟环保合作战略》，尽快制订行动计划，发挥中国－东盟环保合作中心的作用，探讨开展‘中国－东盟绿色使者计划’活动，扎实推进在循环经济、绿色经济、节能环保等领域的交流与合作”。会议还发表了《中国和东盟领导人关于可持续发展的联合声明》，宣布中国和东盟“支持发挥中国－东盟环保合作中心的作用，积极落实《中国－东盟环保合作战略 2009—2015》，特别是在通过与东盟生物多样性中心合作保护生物多样性和生态环境、清洁生产、环境教育意识等领域开展合作”。领导人会议还通过了《落实中国－东盟面向和平与繁荣的战略伙伴关系联合宣言的行动计划（2011—2015）》，其中提出：“落实《中国－东盟环保合作战略 2009—2015》，适时联合制定‘中国－东盟环境保护行动计划’；支持中国－东盟环保合作中心工作，根据《中国－东盟环保合作战略 2009—2015》，促进环境合作；适时建立中国－东盟环境部长会议机制等行动和举措”。

伴随着领导人对“10+1”环境合作的高度重视，中国－东盟环境保护合作站在了一个新起点。2011 年 10 月，首届中国－东盟环境合作论坛在广西南宁召开。该论坛作为落实中国－东盟领导人会议上提出的进一步加强中国和东盟环境保护对话与合作的有关倡议，推动中国－东盟环境保护合作战略的具体体现，已成功召开 7 届。历届论坛情况见表 3 2 1。目前，该论坛已成为中国和东盟开展环境政策高层对话的重要平台、探讨环境与发展合作的重要渠道、连接社会各界参与区域环保合作的重要桥梁。

表 3-2-1 历届中国－东盟环境合作论坛情况

届次	时间	地点	主题	主要议题
第一届	2011 年 10 月	广西南宁	创新与绿色发展	创新与绿色发展的国家政策 绿色创新与产业合作
第二届	2012 年 9 月	北京	生物多样性与区域绿色发展	区域生物多样性保护：机遇和挑战 中国和东盟生物多样性保护：政策和措施 建立伙伴关系，促进区域生物多样性保护合作
第三届	2013 年 9 月	广西南宁	区域绿色发展转型与合作伙伴关系	区域绿色发展转型政策与实践 构建绿色发展转型伙伴关系 中国－东盟环保产业合作圆桌会
第四届	2014 年 9 月	广西南宁	可持续发展的国家战略和区域合作：新挑战和新机遇	区域可持续发展合作的现状及前景 生态文明与绿色转型的制度创新 环境可持续城市建设伙伴关系 环境保护技术研发与应用合作
第五届	2015 年 9 月	广西南宁	环境可持续发展对话与研修	中国－东盟环境政策对话 环境可持续发展对话与研修 中国－东盟环保产业合作与发展交流圆桌会
第六届	2016 年 9 月	广西南宁	绿色发展与城市可持续转型	绿色发展与城市可持续转型 环境技术合作与创新 实现 2030 年可持续发展议程的环境目标
第七届	2017 年 9 月	广西南宁	城市环境保护与可持续发展研修	城市环境基础设施建设与可持续发展 城市垃圾环境与无害化处理 城市水污染治理

在首届中国－东盟环境合作论坛上，中国与东盟各国共同启动“中国－东盟绿色使者计划”。该计划旨在推动区域公众环境意识提高，加强区域环保能力建设。自 2011 年启动以来，“中国－东盟绿色使者计划”已举办 26 次活动，950 余名东盟国家环境官员、青年参加活动，成为中国与东盟在环境能力建设领域的旗舰项目。

在 2016 年 9 月召开的第六次中国－东盟环境合作论坛上，《中国－东盟环境保护合作战略（2016—2020）》正式发布。该文件明确了 2016—2020 年中国和东盟开展环境合作的目标、原则、领域和实施安排，并计划通过组织实施一系列活动，推动合作目标的实现，其中包括建立中国－东盟环境信息共享平台、实施《中国－东盟环境技术和产业合作框架》、建立中国东盟－环境标志联盟、继续实施中国－东盟绿色使者计划等。同时，双方正共同研究制订整个合作战略的行动计划，由双方环境主管部门为战略和计划的实施提供指导和支持。此外，中国－东盟生态友好城市发展伙伴关系也正在启动建设中。

2.1.2　合作领域

根据《中国－东盟环境保护合作战略（2009—2015）》和《中国－东盟环境保护合作战略（2016—2020）》，近年来，中国－东盟环境保护合作的领域从 6 大领域增加到 9 个领域，具体内容见表 3-2-2 和表 3-2-3。

表 3-2-2　2009—2015 年中国 - 东盟环境保护合作优先领域

优先领域	合作目标	活动安排
公众意识和环境教育	结合《东盟环境教育行动计划（2008—2012）》，通过中国与东盟成员国的环境教育机构、相关政府和民间社会组织的交流与合作，增强中国 - 东盟公众的环境保护意识	① 参考《东盟环境教育行动计划（2008—2012）》，共同制订中国—东盟环境教育合作行动计划； ② 建立中国 - 东盟环境教育网络，定期开展不同层次的研讨会，交流各国环境教育经验； ③ 开展中国 - 东盟环境教育机构能力建设培训，提高环境教育机构在政策支持、项目实施、资金筹措、成果推广等方面的能力； ④ 共同开发环境教育资源。针对中国与东盟成员国共同关注的环境问题，通过环境教育与宣传手段，为开展环境合作提供支持； ⑤ 推动中国 - 东盟在环境教育领域与其他国际组织和国家的交流与合作
环境无害化技术、环境标志与清洁生产	通过开展信息和经验交流，实施有效措施，促进区域内废弃物循环利用，提高原材料使用效率，减少温室气体排放量；促进环境无害化技术发展与转让；推动环境标志与清洁生产合作，进一步推动可持续生产与消费	① 开展废弃物循环利用经验的交流和培训，提高政府决策者、企业、公众对废弃物循环利用的理解和认识，形成全社会推动、倡导和落实废弃物减少和循环利用的良好机制； ② 加强废物利用技术共享，开展具有应用前景和经济效益的成熟的废物利用技术的示范工作； ③ 合作开展电子废弃物循环利用和处理处置的试点研究； ④ 促进环境友好技术领域的共同研发，建立相关技术转让市场； ⑤ 协助区域有关国家建立环境标志体系，确保本地区环境标志认证产品的有效性和准确性； ⑥ 开展环境产品的共同标准研究，推进绿色产品认知，促进区域各国环境标志互认； ⑦ 开展促进绿色采购的合作研究，促进本地区的可持续消费； ⑧ 推动各国清洁生产，加强以提高审核方法与技能为目的的区域培训活动； ⑨ 逐步推动建立区域清洁生产审核程序，鼓励各国编制共同的清洁生产审核指南或手册

优先领域	合作目标	活动安排
生物多样性保护合作	考虑到中国西南地区与东盟生态环境相近，开展生物多样性保护的合作项目和科学研究合作，加强与东盟生物多样性中心的对话与合作	① 开展生物多样性监测合作研究，联合开展中国－东盟生物多样性监测示范项目； ② 促进濒危物种保护经验的相互学习和交流； ③ 推动跨界自然保护区和生物廊道建设，保护物种正常迁徙活动； ④ 建立跨界生物安全合作制度； ⑤ 建设阻止外来物种入侵的合作平台； ⑥ 研究遗传资源的惠益分享机制，促进《生物多样性公约》的履约合作； ⑦ 开展生物多样性适应气候变化的合作研究； ⑧ 促进区域生物多样性保护数据与信息共享； ⑨ 加强植物保护全球战略和全球分类倡议实施的能力建设； ⑩ 促进城镇绿色和城镇生物多样性保护的经验、技术和信息共享
环境管理能力建设	通过人员交流与互访等多种方式，提升中国和东盟成员国的环境管理能力	① 提高区域各国环境监测、评估及报告能力； ② 加强本地区环境管理人员的综合能力培训，加强环境经济、环境与健康等领域的政策制定与执行能力； ③ 加强区域各国环境执法能力，促进环境政策与执法信息的共享； ④ 开展中国－东盟环境管理人员互访与互派交流，促进环境管理的综合能力提高； ⑤ 加强区域各国环境影响评价技术能力的培训与交流
环境产品和服务合作	促进区域环境产品和服务业市场的建立，加强环境产品与环境服务业的区内流动，促进其在区域经济发展中扮演更为重要的角色	① 开展区域环境产品和服务业现状与发展的联合研究，明确区域环境产品与咨询服务的需求； ② 促进空气污染治理、固体废物管理、废水处理等技术交流和环境产品和服务业场的建立； ③ 开展节能减排的技术合作与交流
全球环境问题	协调双方在全球环境问题上的共识	① 加强中国与东盟及东盟成员国对气候变化、持久性有机污染物、有害废弃物的跨境转移等全球环境问题的双边的协调与沟通； ② 加强双方在国际环境公约履约机制的交流； ③ 加强与国际环境组织或机构间的协调与合作

表 3-2-3　2016—2020 年中国 – 东盟环境保护合作优先领域

优先领域	合作目标	活动安排
政策对话与交流	为中国和东盟环境决策者提供各种平台就区域环境重大问题交换看法，分享环境管理经验，采取联合行动提升环境合作水平，落实中国和东盟领导人达成的共识	① 举办中国 – 东盟环境合作论坛； ② 适时召开中国 – 东盟环境部长会议
环境数据与信息管理	提高中国和东盟收集、处理和使用环境数据和信息的能力	① 根据第 17 届中国 – 东盟领导人会议提出的合作倡议，建立中国 – 东盟环境信息共享平台； ② 考虑统一环境标准的可能性，分享环境信息和数据方面的知识和经验； ③ 进行环境信息和数据的收集、处理和使用方面的能力建设活动
环境影响评价	通过分享知识和经验，提高中国和东盟在环境影响评价领域的能力	① 进行环境影响评价领域的能力建设合作； ② 进行环境影响评估和管理方面的联合研究
生物多样性和生态保护	与东盟生物多样性中心合作，进一步开发和实施《中国 – 东盟生物多样性与生态保护合作计划》，提高中国和东盟成员国在开发生物多样性保护政策、战略或行动计划方面的能力和意识，履行《生物多样性公约》和其他国际义务，促进生物资源的保护、管理和可持续利用	① 分享城市和农村地区的生态保护经验，进行示范项目合作； ② 加强生物多样性保护能力，促进扶贫及气候变化减缓与适应； ③ 促进生物多样性保护优先区的合作； ④ 加强海洋环境保护领域合作； ⑤ 探索生物多样性潜力，加强生态保护监测和示范合作； ⑥ 加强陆源污染管理与气候变化等领域的科研合作； ⑦ 开展生物多样性和生态保护政策工具和实践研究； ⑧ 加强实施《生物多样性战略计划 2011—2020》及其爱知生物多样性目标的能力

优先领域	合作目标	活动安排
促进环保产业和技术实现绿色发展	通过建立信息交流平台、进行示范项目和开发环境技术的联合研究，实施《中国－东盟环境技术与产业合作框架》，支持《可持续消费与生产十年框架》	① 实施《中国－东盟环境技术与产业合作框架》； ② 通过定期举行中国－东盟环保产业合作会议和创建中国－东盟环保企业经验分享和技术转让平台，加强中国和东盟成员国政府机构、企业家、研究院所、研究人员和环保产业协会之间的交流合作； ③ 进行环境技术和污染防治的合作研究，并开展有关培训项目； ④ 通过选择具体合作项目以及尝试进行中国同东盟成员国之间的双边技术合作，继续推动示范基地建设并为东盟成员国探索合适的设备和合作方法； ⑤ 加强环境标志产品认证、有机认证、良好农业规范证书以及绿色供应链等机制的知识分享，促进可持续消费和生产； ⑥ 促进环境标识领域双边合作，建立中国－东盟环境标志联盟，推动绿色贸易发展
环境可持续城市	通过分享知识和经验以及建立网络和伙伴关系，提升中国和东盟促进环境可持续城市建设能力，包括小型和新增城市区域的可持续建设能力	① 分享城市生态保护的知识和经验，促进生态友好城市发展； ② 加强城市化背景下的可持续生产与消费合作； ③ 开展与东盟清洁空气、清洁水、清洁土地倡议相关的城市垃圾环境无害化处理和处置合作； ④ 推动气候变化减缓与适应、环境友好以及气候变化适应城市等领域合作，支持东盟气候变化工作组下的《东盟气候变化联合响应行动计划》相关活动； ⑤ 通过公众和多方参与，推动建立环境可持续模范城市； ⑥ 加强与东盟环境可持续模范城市项目的联系； ⑦ 加强证书与奖励等激励措施的使用； ⑧ 建立一个加强城市林地管理领域知识与经验分享的网络

优先领域	合作目标	活动安排
环境教育和公众意识	支持实施《东盟环境教育行动计划（2014—2018）》，通过中国与东盟成员国环境教育机构、相关政府部门和民间社会组织的交流合作，增加中国－东盟公众的环境保护意识	① 继续实施《中国－东盟绿色使者计划》，开展更多人员交流、能力建设和政策对话； ② 通过链接《东盟环境教育数据库》，搭建促进公众参与的知识、技术诀窍和良好实践分享平台； ③ 支持东盟成员国开办生态学校并为中国和东盟成员国青年建设合作网络，鼓励谈论新出现的环境问题，并促进与本区域其他国际青年网络的联系，以使增进彼此信息和知识分享； ④ 调动中国与东盟成员国资源，加强各国环境教育与公共意识水平
机构和人员能力建设	通过开展绿色使者计划下的相关能力建设活动，提升中国和东盟成员国的环境管理能力	① 加强环境管理人员的综合培训，加强环境经济、环境与健康领域的政策制定能力； ② 提供一个环保法律和相关法规的经验分享平台； ③ 开展环境管理人员的互访与交流，提高中国和东盟成员国环境管理能力
联合研究	促进学者和智囊团的交流和能力建设，打造中国和东盟成员国绿色智囊团	① 编写和发布《中国－东盟环境展望报告》； ② 研究中国和东盟共同关注的全球和区域新兴环境与发展问题，通过现有中国－东盟合作机制分享研究成果，以便为决策者提出有针对性、科学化和信息化的政策建议

2.2 中国－上合组织环境合作

上海合作组织是第一个在中国境内宣布成立、第一个以中国城市命名的国际合作组织。在成立之初，上海合作组织便将环境保护作为组织内重要的合作领域，并在历年的组织宪章、元首宣言和联合公报、总理联合公报、合作纲要、合作备忘录等文件中提及环境保护和生态恢复问题。

2.2.1 发展历程

早在上海合作组织成立初始，环保合作就被写入了该组织的成立宣言和宪章。2003 年根据上合组织宪章，上合组织成员国政府首脑（总理）理事会重申在环保等领域采取措施促进多边合作，制定并实施共同感兴趣的项目。各成员国就加强在自然资源开发和环境保护领域的合作达成了基本共识，将自然和环境保护合作等多个领域作为六国总理批准的《上海合作组织成员国多边经贸合作纲要》的优先合作方向。在此基础上，中国主张在上合组织框架内的环保合作应在平等互利的基础上，采取多样化方式加以推进。

2004 年，时任中国国家主席胡锦涛出席上合组织塔什干峰会，会议通过了《塔什干宣言》，提出"将环境保护及合理、有效利用水资源问题提上本组织框架内的合作议程"等有关内容。同年举行的上合组织成员国政府首脑（总理）理事会再次讨论了环境保护、维护地区平衡、合理有效利用水电资源、防治土地沙漠化及其他环境问题，并就加强在自然资源开发和环境保护领域的合作达成共识。

2005 年，为进一步响应《塔什干宣言》，推动上合组织在环境领域的合作，六国环境部门决定于适当的时候召开首届环境部长级会议，促进相互间的理解与对话。正是在高层积极推动的背景下，上合组织六国于同年启动了环境合作工作层面的交流活动。2005 年 9 月，各成员国组成政府工作小组，在俄罗斯召开第一次环保专家会议，开始联合制定《上海合作组织环境保护合作构想草案》，确立了由俄方牵头汇总《上海合作组织环境保护合作构想草案》，并在俄罗斯举办第一次上合组织环境部长会议的基调。

2006—2008 年，上合组织秘书处又先后组织召开了四次环保专家会议，就《上海合作组织环境保护合作构想草案》进行讨论，但由于各成员国在水资源保护与利用等问题上的分歧较大，构想草案谈判未取得实质性进展，上合组织环保合作陷入停滞阶段。2009—2012 年上合组织未召开环保专家会议协商构想和推动上合组织环保部长会议。考虑到在区域内开展环保合作的重要意义，在2010年11月召开的政府首脑（总理）理事会上，与会各方表示“将继续商谈本组织相关构想草案”，预示着上合组织环境保护合作构想草案的谈判工作有望重启。

2012年6月，上合组织在北京召开第十二次元首峰会。时任中国国家主席胡锦涛在会上发表了题为“维护持久和平　促进共同繁荣”的讲话。同时，中国积极推动与各方的环境保护合作。鉴于之前上合组织各成员国间就环保合作某些问题未能达成一致，北京峰会之前，各国之间在进行双边会谈时，发表了涉及环保合作的双边声明或宣言。2012年12月在吉尔吉斯斯坦比什凯克举行的上海合作组织成员国总理第十一次会议上，时任中国国务院总理温家宝提出成立“中国－上海合作组织环境保护合作中心”“中方愿依托该中心同成员国开展环保政策研究和技术交流、生态恢复与生物多样性保护协议，协助制定本组织环保合作战略，加强环保能力建设”。本次会议批准的《2012—2016年上合组织进一步推动项目合作的措施清单》中也提及要加强环保领域的合作。

2013年9月，上海合作组织峰会就《〈上海合作组织长期睦邻友好合作条约〉实施纲要（2013—2017）》达成共识，其中提到就环境保护、生物多样性保护与恢复开展合作。2013年11月召开的上海合作组织成员国总理第十二次会议联合公报指出：“必须继续为加强环保合作而共同开展工作。”李克强在会议中提出了在上合组织框架下推进环保合作战略的新倡议：“各方应共同制定上合组织环境保护合作战略，依托中国－上海合作组织环境保护中心，建设环保信息共享平台。”

2014年5月第四届亚信峰会期间，习近平与哈萨克斯坦总统签署的联合宣言中提到“双方愿意在上海合作组织框架内巩固和发展环保领域的合作与交流，发挥中国－上合组织环保合作中心的作用，促进区域可持续发展”。2014年6月，中国－上海合作组织环境保护合作中心启动并举办中国－上海合作组织环保合作高层研讨会，以积极行动落实中国领导人倡议和上合组织关于环保合作的有关决议，务实推动区域环境合作平台建设、加强上合组织各成员之间环保合作与交流对话。

2016 年 6 月 24 日在上海合作组织成员国元首理事会第十六次会议中，习近平提出，“建议各方共同促进上海合作组织环保领域信息共享、技术交流、能力建设”。

2.2.2 合作领域

上海合作组织各成员国的环境问题有一定的共性，但也有复杂性，对环境保护各个领域都有关注，如能源与安全、气候变化、区域性的生物多样性保护、跨界水资源与环境问题等，但跨国界水资源问题是最受关注也最难以达成一致的问题，一度影响了各成员国间环保合作的进程。

鉴于此，中国 - 上合组织环境合作致力于建立和完善政策对话和交流机制，增进各成员国间的理解和互信，力求打破水资源与环保合作挂钩这一唯一模式，将各方难以达成一致的焦点问题转化为推动各方做好国内相关工作，加强并侧重在环保政策和经验交流、生态恢复和生物多样性保护、环境技术交流与环保产业合作、环保能力建设等领域优先开展合作。具体包括：

- 环境保护能力建设：①环境保护法律、法规、标准和政策交流；②人员培训与交流，包括监测、环评、执法等方面；③国际环境公约履约能力建设与经验分享。
- 环保技术与产业交流合作：①环保技术示范，交流引进或出口适用环境技术，特别是中方的优势领域如水污染处理和净化技术等，引导中方企业与各成员国建立示范技术和项目；②环保产业合作，促进成员国环保企业界建立信息网络，尤其在环境标志认证、绿色产品贸易等方面。
- 生态恢复与生物多样性保护：①土地荒漠化防治经验交流；②生物多样性保护政策示范与实践。

上海合作组织环保信息共享平台是中国－上合组织环境合作的重要项目。为落实李克强在2013年上海合作组织成员国总理第十二次会议上提出的建立信息共享平台的倡议，中国－上海合作组织环境保护合作中心开展了上海合作组织环保信息共享平台建设。上海合作组织环保信息共享平台旨在与成员国、观察员国、对话伙伴国共同推动区域各国环保信息、知识、经验和技术的共享和应用，提高各国环境保护能力和水平，加强区域协调与合作，共同应对区域环境挑战，建设“绿色丝绸之路经济带”，推动区域绿色发展。主要包括五大任务：第一，环境数据信息服务建设；第二，环境信息应用系统建设；第三，环境信息发布与共享门户网站建设；第四，环境科研和创新平台建设；第五，环境信息共享平台基础设施建设。

2.3 澜沧江－湄公河环境合作

环境合作是澜沧江－湄公河合作机制的重要组成部分，中国高度重视同次区域国家开展环境合作与交流，积极关注次区域环境与发展需求，充分发挥国际环境合作的协力作用，促进次区域的可持续发展。

2.3.1 发展历程

2016年3月23日，李克强在澜沧江－湄公河合作首次领导人会议上提出了关于“中方愿与湄公河国家共同设立澜沧江－湄公河环境合作中心，加强技术合作、人才和信息交流，促进绿色、协调、可持续发展”倡议，标志着澜沧江－湄公河环境合作中心建设正式纳入共商、共建、共享的澜湄对话合作机制。

2018年1月召开的澜沧江－湄公河合作第二次领导人会议发布了《澜沧江－湄公河合作五年行动计划（2018—2022）》，正式提出制定《澜沧江－湄公河环境合作战略》，并倡议澜湄国家共同实施“绿色澜湄计划”旗舰项目推动澜湄环境合作。

澜湄环境合作已经在机构发展、顶层设计、项目规划等领域取得了积极进展，主要包括：

- 正式成立澜沧江 - 湄公河环境合作中心。2017 年 11 月 28 日，澜沧江 - 湄公河环境合作中心在北京正式成立。澜湄环境合作中心负责对澜沧江 - 湄公河国家的环境政策交流与合作任务，已建立与湄公河国家环境主管部门交流机制，正式形成了工作网络；并已经与地方环境部门、国际组织、企业等签署合作协议。
- 编制《澜沧江 - 湄公河环境合作战略》，推动澜湄环境合作顶层设计。澜湄环境合作中心积极推动《澜沧江 - 湄公河环境合作战略》编制工作，明确澜湄环境合作目标、原则、优先领域和具体实施机制，指导澜沧江－湄公河环境合作具体项目实施。目前，澜湄环境合作中心已分别于 2017 年 3 月和 11 月召开了战略框架讨论会，并已经向澜湄国家和有关各方征询了具体意见。
- 在战略框架指导下，澜沧江－湄公河环境合作中心设计了“绿色澜湄计划”区域旗舰环境项目。目前“绿色澜湄计划”正在积极争取澜沧江 - 湄公河合作专项基金支持，并与有关各方加强沟通。

2017 年，澜沧江－湄公河环境合作围绕环境政策对话、能力建设、环境政策主流化、示范试点四大领域开展具体工作如下：

- 推动区域环境政策对话。2017 年 11 月 15 日，“澜沧江 - 湄公河环境合作圆桌对话”在北京召开，来自澜湄国家环境主管部门、中国外交部、研究机构、地方环保部门、国际组织、企业和媒体的百余位代表参加会议。与会代表就推进澜湄环境合作、共同落实 2030 年可持续发展议程达成共识。
- 构建澜湄环境合作能力建设伙伴关系，打造“绿色澜湄计划 - 环境合作能力建设”活动品牌。为落实澜沧江 - 湄公河合作早期收获项目，澜湄环境合作中心于2017年2月和3月分别组织“澜沧江－湄公河工业废气排放标准与能力建设研讨活动”和“澜沧江－湄公河国家水质监测能力建设研讨会”，并于2017年6月组织“中国-柬埔寨水环境管理及实践研讨会”，推动澜湄国家环境合作能力建设。

- 开展联合研究，推动环境政策主流化。澜湄环境合作中心推动开展澜沧江－湄公河淡水生态系统管理研究项目及澜沧江－湄公河可持续基础设施投融资研究，并于2017年11月16日召开“澜沧江-湄公河淡水生态系统管理国际研讨会”，邀请澜湄国家环境主管部门、国际组织、企业代表参会，共同探讨澜湄淡水生态系统管理的知识经验。
- 开展澜湄国家环境合作示范试点。澜湄环境合作中心积极推动中老环境示范项目合作，支持《老挝南塔省环境行动计划（2016—2020）》编制工作，提高其环境规划与管理能力，并联合云南省环保厅在老挝南塔省南恩村开展生活垃圾收集清运处置示范工程及南塔省立中学环境卫生示范工程，取得积极成效。

2.3.2 合作领域

《澜沧江－湄公河环境合作战略》目前处于推动批准阶段。战略明确了澜沧江－湄公河合作的九大优先领域，主要包括：

- 环境政策主流化；
- 环境能力建设；
- 生态系统管理与生物多样性保护；
- 气候变化适应与减缓；
- 城市环境治理；
- 农村环境治理；
- 环境友好型技术与环保产业；
- 环境数据与信息管理；

- 环境教育与公众环保意识。

澜沧江－湄公河环境合作将以“成果落实、合作建设”为导向，依托澜沧江－湄公河环境合作中心，共同推动澜沧江－湄公河国家围绕优先领域开展合作，共同促进区域可持续发展。

2.4 中国－非洲环境合作

中国与非洲的合作始于政治合作与无偿援助，在中国实施改革开放政策后逐步延展到经贸、卫生、农业、文化、科技等各个领域，迄今已有近 60 年的时间。随着中非经贸关系的不断发展，并主要依托中非合作论坛平台，开始与非洲国家进行气候变化与水资源管理、生态系统监测与管理、水污染防治等领域进行能力建设与人员培训方面的实质性合作。

2.4.1 发展历程

2000 年 10 月召开的中非合作论坛是中非关系的新起点，也是中非环保合作进入实质性阶段的开端。目前，中非合作论坛已成为新形势下中非集体对话与务实合作的有效机制，也是中非环保合作的重要平台。中国政府高度重视中非论坛后续行动的落实工作，专门成立了由 27 家部委组成的中方后续行动委员会，[①] 环境保护部是中方后续行动委员会成员单位。中非合作论坛为中非环保合作确定了重点合作领域和原则。

2000 年 10 月，在中非合作论坛第一届部长级会议通过的《中非经济和社会发展合作纲领》中，双方表示信守各种环保公约的主要内容，承诺在污

① 中非合作论坛中方后续行动委员会成员单位分别是：外交部、商务部、财政部、中共中央对外联络部、国家发展和改革委员会、教育部、科学技术部、国土资源部、环境保护部、交通部、工信部、农业部、文化部、卫生部、中国人民银行、中非发展基金、海关总署、国家税务总局、国家质检总局、国家广电总局、国家旅游局、国务院新闻办公室、中国国际贸易促进委员会、共青团中央、中国银行、中国进出口银行、北京市人民政府。

染控制、生物多样性保护、森林生态体系保护、渔业和野生动物管理等领域进一步加强合作，将环境管理与国家发展相结合，以确保经济发展和可持续资源开发。

2003 年 12 月，在中非合作论坛第二届部长级会议通过的《亚的斯亚贝巴行动计划》中，双方保证所有合作项目都要遵守环境保护的原则，实施合作项目的企业应制订具体的环保及森林开发计划。

2006 年 11 月，中非合作论坛北京峰会通过了《中非合作论坛北京行动计划（2007—2009 年）》。在《中非合作论坛北京行动计划（2007—2009 年）》中，双方充分意识到环境保护对双方实现可持续发展的重要意义，决心加强环保领域对话、交流及人力资源开发合作，之后 3 年内中国将逐年增加培训非洲国家环境管理人员和专家的数量，促进双方与联合国环境规划署开展多边环保合作，同意推动双方在能力建设、水污染和荒漠化防治、生物多样性保护、环保产业和环境示范项目等领域的合作。

2009 年，中非合作论坛第四届部长级会议在埃及沙姆沙伊赫举行，会议通过了《中非合作论坛沙姆沙伊赫宣言》和《中非合作论坛——沙姆沙伊赫行动计划（2010—2012 年）》，指明了中非关系的发展方向。根据《中非合作论坛——沙姆沙伊赫行动计划（2010—2012 年）》，中国将加强与非洲国家在环境监测领域的合作，继续将地球资源卫星数据与非洲国家共享，促进其在非洲国家环境保护领域的应用；加强与非洲在清洁能源开发利用和卫生用水合作，帮助非洲国家提高适应气候变化、保护环境、保障人民用水安全的能力，并将把帮助非洲发展绿色经济、实现可持续发展作为中非合作首要项目。

2012 年 7 月，中非合作论坛第五届部长级会议在北京召开。会议以“继往开来，开创中非新型战略伙伴关系新局面”为主题展开讨论，通过了《中非合作论坛第五届部长级会议——北京宣言》和《中非合作论坛——北京行动计划（2013 —2015 年）》两个成果文件，全面规划了未来 3 年中非在各个领域的合作，为中非关系进一步深入发展奠定更加坚实的基础。新《北京行动计划》指出，中方将帮助非洲国家加强气象基础设施能力建设和森林保护与管理，并将在防灾减灾、荒漠化治理、生态保护、环境管理等领域加大对非洲的援助和培训力度；加强与非洲国家在环境监测领域的合作，积极分享空间技术减灾应用经验，适时开展旱灾遥感监测技术交流与合作，提升旱灾监测能力；中方承诺将继续采取措施，帮助非洲国家提高适应和减缓气候变化影响以及可持续发展能力。

2015 年 12 月 4 日至 5 日，中非合作论坛约翰内斯堡峰会召开。中国国家主席习近平与 50 个非洲国家的元首、政府首脑或代表以及非洲联盟委员会主席相聚南非约翰内斯堡，围绕“中非携手并进：合作共赢、共同发展”的会议主题，共同绘制中非合作发展的宏伟蓝图，中非关系掀开历史新篇章。会议通过了《中非合作论坛约翰内斯堡峰会宣言》和《中非合作论坛——约翰内斯堡行动计划（2016—2018 年）》，决定将中非新型战略伙伴关系提升为全面战略合作伙伴关系。其中《中非合作论坛——约翰内斯堡行动计划（2016—2018 年）》提出要成立中非环境合作中心，在南南环境合作框架下推动中非绿色创新计划，促进中国与非洲国家在环境技术与产业领域的合作交流。

2014 年 6 月 25 日，在首次联合国环境大会期间，中国环境保护部与联合国环境规划署、非洲国家环境部长会议共同主办了中非环境合作部长级对话会。此次会议是中国推动南南环境合作的新起点，标志着中非环境合作已经开启了绿色发展的新篇章，双方已经在打造环境与发展命运共同体方面形成广泛共识。

中国在中非环境合作部长级对话会上提出三点倡议：一是积极打造中非环境合作升级版，构建环境政策对话平台。促进双方在城市环境治理、生态环境保护、绿色贸易与投资等多领域的对话与合作，推动中非环境合作再上新台阶；二是持续深化中非环境合作，构建中非绿色使者计划平台。中非应围绕绿色发展战略问题加强交流与对话，相互学习，彼此借鉴。中方倡议开展“中国南南环境合作”“中非绿色使者计划”，促进环境治理经验共享，推进环保能力建设，提升公众环境意识；三是务实开展中非生态环保合作工程，构建环境技术交流平台。强化中非环境技术交流合作，充分发挥合作试点示范项目的带动作用，共同探索绿色发展解决方案。

2015 年 12 月召开的中非合作论坛约翰内斯堡峰会通过了《约翰内斯堡行动计划》，文件提出要“设立中非环境合作中心，开展中非绿色技术创新项目，与非方开展环境友好型技术合作”。

2017 年 12 月第三次联合国环境大会期间，环境保护部部长李干杰，肯尼亚环境、水与自然资源部部长朱迪•瓦克洪古与联合国环境规划署执行主任埃里克•索尔海姆共同签署了《联合成立中非环境合作中心合作意向书》，达成三方在肯尼亚共建中非环境合作中心的具体意向。中非环境合作中心旨在联合国环境规划署框架下，巩固和加强中非友好合作关系，推动南南环境合作，促进中非环保事业发展与绿色投资，支持中国与非洲国家共同落实 2030 年可持续发展目标。

2.4.2 合作领域

中非环境合作借助中非合作论坛等平台在能力建设与减贫、清洁能源发展、可持续农业、生态系统保护等领域取得了诸多成就。

联合国秘书长潘基文指出，减贫、能力建设与绿色经济是解决中非合作的三个关键领域。中国通过中非合作论坛、绿色使者行动计划等平台为非洲减贫和能力建设做出了贡献。详见表 3-2-4、表 3-2-5。

2006 年 1 月 12 日，中国政府发表了《中国对非洲政策文件》，承诺与非洲国家“加强技术交流，积极推动中非在气候变化、水资源保护、荒漠化防治和生物多样性等环境保护领域的合作”，初步确定了中非在环境领域的合作方向。2005 年至今，在“中非合作论坛”推动下，利用中国政府的援外资金举办面向非洲国家的环境管理研修班在北京已成功举办 16 期，培训了来自非洲大陆的300多位环境高级官员。培训主题涉及"水污染和水资源管理""生态环境保护管理""环境管理""城市环境管理"和"环境影响评价管理"等诸多领域。培训计划为非洲国家环境官员能力建设做出贡献，并被联合国环境规划署誉为"南南合作的典范"。

表 3-2-4 中国 - 非洲环境能力建设项目

序号	项目名称	项目执行年度	项目主要内容	项目参与国家	人员数
1	非洲国家水污染和水资源管理研修班	2005	水污染和水资源管理	阿尔及利亚、布隆迪、佛得角、刚果（金）、埃及、埃塞俄比亚、几内亚比绍、科特迪瓦、肯尼亚、莱索托、利比里亚、毛里求斯、莫桑比克、尼日尔、卢旺达、塞拉利昂、南非、坦桑尼亚、津巴布韦	23
2	非洲国家水污染和水资源管理研修班	2006	水污染和水资源管理	博茨瓦纳、布隆迪、佛得角、吉布提、埃及、厄立特里亚、埃塞俄比亚、加纳、莱索托、利比里亚、塞舌尔、塞拉利昂、坦桑尼亚 、津巴布韦	24
3	非洲国家水污染和水资源管理研修班	2006	水污染和水资源管理	安哥拉、贝宁、布隆迪、喀麦隆、刚果（布）、刚果（金）、吉布提、赤道几内亚、加蓬、几内亚、科特迪瓦、马达加斯加、马里、毛里塔尼亚、尼日尔、塞内加尔、塞舌尔、多哥	23
4	非洲国家高级官员环境保护管理（危险和固体废物管理）研修班	2009	危险和固体废物管理	阿尔及利亚、多哥、贝宁、赤道几内亚、刚果（布）、刚果（金）、几内亚、科特迪瓦、马里、毛里塔尼亚、尼日尔、塞内加尔、乍得、中非	30
5	加蓬和刚果（金）高级官员环境管理研修班	2009	环境管理	加蓬、刚果（金）、非洲开发银行	19

序号	项目名称	项目执行年度	项目主要内容	项目参与国家	人员数
6	非洲国家高级官员环境保护管理研修班	2010	环境管理	埃塞俄比亚、贝宁、布隆迪、刚果(金)、加纳、马达加斯加、摩洛哥、塞拉利昂、塞舌尔、坦桑尼亚、乌干达、赞比亚、乍得、中非	31
7	非洲法语国家环境保护与管理官员研修班	2011	环境保护与管理	贝宁、布隆迪、赤道几内亚、多哥、几内亚、几内亚比绍、加蓬、科摩罗、马达加斯加、马里、摩洛哥、尼日尔、乍得、中非	30
8	非洲英语国家生态保护与管理官员研修班	2012	生态保护与管理	阿尔及利亚、津巴布韦、马拉维、纳米比亚、尼日利亚、坦桑尼亚、乌干达、赞比亚	14
9	非洲法语国家环境监察与执法官员研修班	2012	环境监察与执法	几内亚、赤道几内亚、贝宁、中非、布隆迪、摩洛哥、尼日尔、马达加斯加、卢旺达、塞内加尔、科特迪瓦、乍得	24
10	非洲国家履行国际环境公约能力研修班	2013	履行环境公约能力	埃及、埃塞俄比亚、苏丹、南非、加纳、利比里亚、津巴布韦、乌干达	15
11	非洲法语国家环境管理官员研修班	2013	环境管理	贝宁、尼日尔、突尼斯、吉布提、刚果(金)、乍得、科特迪瓦、马达加斯加、布隆迪	17
12	非洲法语国家环境守法与执法官员研修班	2014	环境守法与执法	科摩罗、阿尔及利亚、科特迪瓦、布隆迪、刚果金、乍得、尼日尔、贝宁、马达加斯加、吉布提、马里、几内亚比绍、几内亚、毛里塔尼亚	24
13	非洲英语国家环境管理官员研修班	2014	环境管理	塞舌尔、尼日利亚、南苏丹、马拉维、坦桑尼亚、卢旺达、马达加斯加、埃及、塞拉利昂、肯尼亚	16
14	非洲英语国家环境守法与执法官员研修班	2015	环境守法与执法	莫桑比克、乌干达、赞比亚、尼日利亚、肯尼亚、塞舌尔、埃及、马拉维、纳米比亚	26

序号	项目名称	项目执行年度	项目主要内容	项目参与国家	人员数
15	非洲法语国家环境守法与执法官员研修班	2015	环境守法与执法	加蓬、乍得、刚果（金）、马里、塞内加尔、阿尔及利亚、摩洛哥、贝宁、科特迪瓦、突尼斯、吉布提、几内亚比绍	41
16	加纳环境管理官员研修班	2016	环境管理	加纳	19

表 3-2-5　其他有非洲国家参与的环境能力建设项目

序号	项目名称	项目执行年度	项目主要内容	项目参与国家	人员数
1	城市环境管理政府官员研修班	2007	城市环境管理	阿富汗、阿尔巴尼亚、安哥拉、巴林、喀麦隆、哥伦比亚、刚果（金）、科特迪瓦、厄立特里亚、斐济、格鲁吉亚、加纳、几内亚、约旦、肯尼亚、利比里亚、马其顿、马达加斯加、马里、马耳他、摩尔多瓦、蒙古、黑山、缅甸、菲律宾、塞舌尔、南非、塞拉利昂、坦桑尼亚、多哥、汤加、突尼斯、越南、也门、津巴布韦	61
2	发展中国家高级官员环境管理（环境影响评价管理）研修班	2009	环境影响评价管理	孟加拉国、朝鲜、埃塞俄比亚、圭亚那、印度尼西亚、牙买加、缅甸、巴布亚新几内亚、塞舌尔、塞拉利昂、苏里南	22
3	发展中国家环境保护与管理官员研修班	2011	环境保护与管理	阿富汗、埃塞俄比亚、巴布亚新几内亚、巴基斯坦、朝鲜、菲律宾、圭亚那、加纳、老挝、利比里亚、缅甸、墨西哥、南非、南苏丹、尼泊尔、尼日利亚、塞拉利昂、塞舌尔、斯里兰卡、苏丹、坦桑尼亚、委内瑞拉、乌干达、印度尼西亚	44

序号	项目名称	项目执行年度	项目主要内容	项目参与国家	人员数
4	发展中国家环境保护与低碳经济官员研修班	2012	环境保护与低碳经济	赤道几内亚、厄瓜多尔、墨西哥、智利、阿根廷、乌拉圭、委内瑞拉、巴拿马、秘鲁、萨尔瓦多、危地马拉、古巴、洪都拉斯	36
5	发展中国家环境保护与气候变化官员研修班	2012	环境保护与气候变化	毛里求斯、肯尼亚、南苏丹、南非、古巴、塞尔维亚、也门、朝鲜、委内瑞拉、乌干达、墨西哥、特立尼达和多巴哥、巴基斯坦、马拉维、马来西亚、尼泊尔、玻利维亚	25
6	尼日利亚城市固体废物管理研修班	2013	城市固体废物管理	尼日利亚	30
7	发展中国家环境保护官员研修班	2013	环境保护	赤道几内亚、玻利维亚、乌拉圭、厄瓜多尔、墨西哥、巴拿马、智利	14
8	发展中国家环境保护与气候变化研修班	2013	环境保护与气候变化	马尔代夫、多米尼克、缅甸、厄瓜多尔、塞尔维亚、古巴、肯尼亚、萨摩亚、加纳、埃塞俄比亚、利比里亚、孟加拉国、瓦努阿图、阿曼、格林纳达、越南	18

资料来源：根据环保部相关资料整理。

沼气和小水电等清洁能源的利用是中国开展较早且具有一定优势的援助领域，被国务院新闻办发布的《中国的对外援助》白皮书列为中国对外援助重点领域之一。在对外援助初期，中国帮助亚非发展中国家利用当地水力资源，修建中小型水电站及输变电工程，为当地工农业生产和人民生活提供电力。20 世纪 80 年代，中国同联合国有关机构合作，向许多发展中国家传授沼气技术。同时，中国还通过双边援助渠道向非洲乌干达等国传授沼气技术，取得较好效果，减少了受援国对进口燃料的依赖。

目前，中非国家间在推动可持续能源领域的双边环保合作项目已逐渐展开。中国已在塞内加尔、马里、尼日尔等国农村推广使用太阳能集热器，取得了较好的经济效益。2009年《中非合作论坛——沙姆沙伊赫行动计划(2010—2012年》中，中方承诺将为非洲国家援助100个沼气、太阳能、小水电等小型清洁能源项目和小型打井供水项目。中国也与突尼斯、几内亚等国家开展了沼气技术合作，为喀麦隆、布隆迪、几内亚等国援建水力发电设施，与摩洛哥、巴布亚新几内亚等国开展太阳能和风能发电方面的合作。此外，中国还为发展中国家举办与清洁能源和应对气候变化相关的培训。2000—2009年，共举办50期培训班，培训内容涉及沼气、太阳能、小水电等可再生能源的开发利用、林业管理、防沙治沙等，1 400多名来自发展中国家的学员来华参加了培训。[①]

另据美国智库全球发展中心统计，近年来，在水资源供应和卫生领域，中国在非洲一些国家设立了以改善当地环境为目标的项目。例如，2007年中国向毛里求斯和喀麦隆援建了污水处理厂和给水管网。[②] 此外，中国企业还在科特迪瓦合作垃圾处理环保项目，并在阿比让正式启动，在毛里求斯雅克山的污水处理厂项目也已完工，取得了较好的效果。

2009年11月，温家宝同志在中非合作论坛第四届部长级会议上强调加强对非农业合作。中非在可持续农业领域的发展主要是通过向非洲传授中国先进的农业技术、管理经验和经营理念以推动解决非洲的粮食安全问题，从而帮助非洲消除贫困。目前中国在非洲已经建成了14个农业技术示范中心：第一批示范中心主要集中分布在东部和西部非洲以及北非的苏丹，其中乌干达农业技术示范中心以水产为主、赞比亚中心以灌溉技术和农机使用等为主；第二批示范中心集中在东部非洲的科特迪瓦、毛里塔尼亚等。可持续农业的发展对于实现联合国2030年可持续发展目标至关重要，中非可持续农业合作

① 《新闻办发表〈中国的对外援助〉白皮书（全文）》，中央政府门户网站，http://www.gov.cn/gzdt/2011-04/21/content_1849712.htm.
② AidData's Chinese Official Finance to Africa Dataset, Version 1.0, http://www.aiddata.org.

未来发展对于双方实现可持续发展目标都有助益。

中非环境合作在生态系统保护领域开展了一系列活动，也取得了很多成就。中国科学院与非洲相关部门共建了中非研究中心，并于2012年成立世界地理与资源研究中心，有助于对非生态系统保护领域的研究和实践。中国科研院所与非洲环保部门签署合作备忘录推进在生态系统监测平台建设、定点考察、人员互访等方面的合作交流。

2.5 中国－拉美环境合作

2.5.1 发展历程

2012年6月，时任中国国务院总理温家宝在圣地亚哥联合国拉丁美洲和加勒比经济委员会发表题为《永远做相互信赖的好朋友》的演讲，倡议成立中拉合作论坛，为加强中拉整体合作搭建更高平台。

2014年1月，在古巴哈瓦那举行的拉共体第二次领导人峰会的特别声明中，与会成员一致同意，愿与中国建立中国－拉美共体论坛。7月17日，习近平主席在巴西利亚举行的中国与拉美和加勒比国家领导人会晤中明确表示，“中拉关系正处于历史上最好时期，站在新的历史起点上，进一步发展互利合作面临重要机遇，拥有更好条件和更坚实基础。”习近平主席提出共同构建“1+3+6”合作新框架，即以实现包容性增长和可持续发展为目标，制定《中国与拉美和加勒比国家合作规划（2015—2019）》，以贸易、投资、金融三方面合作为动力，推动中拉务实合作全面发展，以能源资源、基础设施建设、农业、制造业、科技创新、信息技术六大领域为合作重点，推进中拉产业对接并深化互利合作。

2015年1月，中拉论坛首届部长级会议在北京举行。会议推动中拉关系进入双边合作与整体合作并行发展的新阶段，也显示拉美和加勒比地区在中国外交格局中的重要地位。2015年5月，国务院总理李克强在中国巴西工商峰会上提出重点以国际产能合作为突破口，推动中拉经贸转型，打造中拉合作升级版，并宣布设立总额为 300 亿美元的中拉产能合作专项基金，支持中拉产能合作项目。

在中拉论坛等机制的推进下，中拉环境合作也逐步展开。中国已将环保项目列入援助拉美国家的重点领域。在 2008 年 11 月中国发布的首份对拉美国家政策文件中，将对拉美国家提供环保领域的技术培训纳入中国对拉美援助的五大政策取向之一；2011 年举行的第三届中国－加勒比经贸合作论坛上，中国政府也将加强环保和新能源合作作为进一步深化中加合作的六项政策举措之一。

2.5.2 合作领域

目前，中拉环境保护合作主要集中在能力建设与环保设备援助两大方面。

2005 年以来，在商务部和生态环境部（原环境保护部）支持下，中拉围绕“水污染和水资源管理”“生态环境保护管理”“城市环境管理”“危险和固体废弃物管理”“低碳经济发展”等主题开展多次能力建设培训项目，推动了中拉环境保护经验交流与知识共享。

目前，中国通过多边和双边合作向拉美国家援助了大气监测等环保设备，积极推动中国环保产业“走出去”。2005 年中国和古巴签署了《中华人民共和国国家环境保护总局与古巴共和国科技与环境部环境保护合作谅解备忘录》，根据协议，中国环境保护部将向古巴科技与环境部捐赠两套大气质量监测设备，并提供相关技术培训。2014 年 7 月，中国与古巴签署了《中华人民共和国环境保护部与古巴共和国科技与环境部关于大气监测设备的捐赠协议》。此次捐赠是中国环境保护部首次在环境领域实现对外设备援助，是向广大发展中国家宣传中国环保工作经验与成就、带动中国环保技术与理念“走出去”迈出的重要一步。

2.6 中国－阿拉伯国家环境合作

2.6.1 发展历程

2013 年，中国提出共建“丝绸之路经济带”和“21 世纪海上丝绸之路”的倡议。阿拉伯地区是两条丝绸之路的交汇点，作为中国推进“一带一路”建设的天然和重要合作伙伴，阿方对此倡议给予积极回应，表示要将合作拓展至更广泛的领域。随着中阿合作的不断深入，环境保护将成为中阿合作的重要领域。2006 年 2 月，中阿合作论坛框架下首次“中阿环境合作会议”在迪拜举行，中阿双方讨论了共同关心的国际环境问题，回顾了有关环境和可持续发展的联合国大会和首脑会议所取得的成果，并签署了《会议公报》。公报明确了双方在环境领域加强合作的途径，并将环境政策和立法、环境教育宣传、环境影响评价、环境保护产业、城市环境保护、可持续能源使用、生物多样性保护、沙尘暴防治、流域环境管理、废弃物管理和污染控制等作为优先合作领域。

2006 年 6 月，在论坛第二届部长级会议上，中阿签署《中华人民共和国政府和阿拉伯国家联盟环境合作联合公报》，双方同意在环境政策与立法、环境教育、环境数据库管理、科学调研及技术转让、生物多样性保护、海岸带综合管理、城市环境保护、环境影响评价和环境监测、环境保护产业等领域开展合作，并在全球环境问题上协调立场。这标志着中阿双方在环保领域的合作正式启动。2006 年 10 月，“中非、中阿环境合作伙伴关系研讨会”在北京举行。2007 年，中阿共同制定了《中华人民共和国政府和阿拉伯国家联盟环境合作执行计划（2008—2009 年）》，该文件于 2008 年 5 月论坛第三届部长级会议期间正式签署。

2013 年 9 月，在中国宁夏银川召开了首届中国－阿拉伯国家博览会。借助于博览会，中国与阿拉伯国家在防沙治沙、旱作节水等领域开展了技术输出、人员交流等方面的合作，并在绿色经济、节能环保、防沙治沙等领域展开合作与交流。2015年第五届中阿博览会首次聚焦环境保护，举办“中阿环境保护合作论坛”，来自中阿国家的环保官员、联合国环境规划署、世界自然基金会等环保机构代表及中国部分省区环保部门和环保企业代表围绕“绿色丝路与中阿环境合作伙伴关系”这一主题共商中阿环境保护合作大计。论坛期间，中国环保部与阿拉伯国家联盟秘书处签署环境合作谅解备忘录，强调未来加强双方在环境政策对话、污染防治、生物多样性与生态保护、环境友好技术与产业、公众环境意识与环境教育等方面的深入合作。

2.6.2 合作领域

目前，中阿环保合作主要集中在环保官员及专业人员培训方面。2005年以来，根据双方签署的相关文件，中国环境保护部组织并承办了7个专门针对阿拉伯国家的环保研修班，总计培训了来自近20个阿拉伯国家和地区的127名环境高级官员及相关专业人员，主题涉及“环境管理”“水污染和水资源管理”“危险和固体废物管理”等多个领域，见表3-2-6。

表 3-2-6 中国 – 阿拉伯国家环境能力建设项目

序号	项目名称	项目执行年度	项目主要内容	项目参与国家	人数
1	阿拉伯国家水污染和水资源管理研修班	2006	水污染和水资源管理	吉布提、埃及、约旦、黎巴嫩、毛里塔尼亚、摩洛哥、巴勒斯坦、苏丹、叙利亚、也门	15
2	阿拉伯国家环保研修班	2007	环境管理	阿尔及利亚、吉布提、埃及、约旦、利比亚、毛里塔尼亚、摩洛哥、巴勒斯坦、苏丹、叙利亚、突尼斯、也门	19
3	阿拉伯国家高级官员环境管理研修班	2008	生态环境保护管理	埃及、巴勒斯坦、黎巴嫩、毛里塔尼亚、摩洛哥、苏丹、叙利亚、也门、约旦	22

序号	项目名称	项目执行年度	项目主要内容	项目参与国家	人数
4	阿拉伯国家环境保护与管理官员研修班	2011	环境保护与管理	阿尔及利亚、埃及、巴勒斯坦、巴林、科摩罗、沙特阿拉伯、苏丹、突尼斯、叙利亚、约旦、阿盟秘书处	27
5	阿拉伯国家固体废物管理官员研修班	2011	固体废物管理	叙利亚、埃及、巴勒斯坦、沙特阿拉伯、约旦、摩洛哥	12
6	阿拉伯国家危险和固体废物管理官员研修班	2012	危险和固体废物管理	巴勒斯坦、突尼斯、叙利亚、摩洛哥、埃及	12
7	伊拉克污水处理培训班	2013	污水处理	伊拉克	20

3

地方与企业参与区域环境合作实践

3.1 借助对话机制，发挥地域优势，积极参与区域环境政策交流——以云南省为例

3.1.1 基本情况

云南省地处中国西南边陲，西部同缅甸接壤，南同老挝、越南毗连，与泰国、柬埔寨、孟加拉国、印度等国相距不远，是中国连接东南亚各国的陆路通道，具有特殊的地理位置和复杂多样的自然环境，但是工业基础还比较薄弱。云南省开展环境保护国际合作以跨境生态与资源保护管理、农村环境整治等方面的政府间合作为主，环保企业间合作较少，也多在政府主导的合作框架下进行。2014 年以前，云南省环境保护国际合作的主要工作重点在于争取国外援助，引进资金和人才，学习国外先进技术，为云南省开展相关工作提供借鉴。在国家“一带一路”构想和“走出去”战略提出后，云南省正在转变思路，尝试引进与输出相结合的方式，积极与周边国家接触，主动推进合作，为国家战略提供支撑。

▶ 参与区域、次区域国际环境保护合作的情况

（1）与大湄公河次区域国家开展环境保护合作交流

自2006年开始，在环境保护总局的指导下，云南省全面参与由亚洲开发银行倡导的大湄公河次区域经济合作框架下的环境合作，建立了大湄公河次区域环境工作组机制，开展了南北经济走廊战略环评、金四角旅游开发战略环评、环境绩效评估能力建设、生物多样性保护廊道建设示范等次区域环境合作交流项目，其中云南示范项目共获得亚行赠款援助约200万美元。通过积极参与大湄公河次区域环境合作交流，组织参与环境工作组、项目研讨、学术交流以及人员交流互访等活动，一方面宣传了云南在生态保护方面所做的努力、取得的成就和经验，为国家和云南对外开放营造了良好的周边环境，另一方面也提升了与大湄公河次区域国家缅甸、老挝、越南、泰国的环保互通互信和合作交流水平。目前，云南正在组织实施大湄公河次区域环境合作生物多样性保护廊道建设云南示范项目（二期）。并根据大湄公河次区域经济合作战略框架（2015—2030）开展大湄公河次区域合作云南示范项目（三期）前期准备工作。

（2）与东盟十国开展环境保护合作交流

云南省在中国－东盟环境保护合作平台下积极参与环境合作交流。从2013年开始，协助中国－东盟环境保护合作中心在云南举办了“中国－东盟制定和实施生物多样性保护战略能力建设研讨会”“中国－东盟水污染防治能力建设研讨班”等国际研讨会，与东盟十国开展生物多样性保护等方面的交流；另一方面，参与了“中国－东盟环境保护合作战略（2016—2020）研讨会”和“中国－东盟生态城市合作专题研讨会”。

▶ 与周边国家开展环境保护合作交流情况

（1）与缅甸开展环境保护合作交流

2014年，云南省环保厅组团赴缅甸开展跨境环境合作交流，期间与缅甸国家林业和环境保护部就开展中国瑞丽市和缅甸木姐市跨境环境合作交换了

意见，初步达成共识。现已由云南省环保厅支持，先期投资 200 万元在瑞丽市和木姐市跨边境区域银井芒秀“一寨两国”开展农村环境综合整治示范项目，拟取得经验后在中缅跨边境区域推广。

2015 年 7 月，云南省与缅甸环境保护与林业部就双方共同关心的环境问题和未来合作的建议进行了交流讨论，签署了《会议纪要》，同意近期开展中国云南省与缅甸掸邦省、中国云南省与缅甸木姐市环境保护合作示范，建立合作机制，在环境宣传教育、人员交流培训、跨境生物多样性保护、农村环境整治、跨界大气和水污染防治、突发环境事件应急等方面开展合作交流，共享环境信息，共同推动实施交流合作示范项目。

（2）与老挝开展环境保护合作交流

2015 年 9 月，为贯彻落实“一带一路”建设战略和把云南省建设成为面向南亚、东南亚辐射中心的具体行动，云南省环保厅与老挝南塔省自然资源与环境厅签署了《环境保护合作备忘录》。在合作备忘录下，双方将通过交换环境信息及资料、人员交流互访、共同举办研讨会和专业培训、共同合作开展研究和实施试点示范项目等方式，在农村环境整治、跨界水污染防治、跨境保护区生物多样性保护、环境规划和研究、环境教育、环境管理培训和能力建设等领域优先开展合作，每年定期召开协调会议。

3.2 创新技术产品，依托产业优势，开拓区域环境合作市场与项目——以四川省为例

现阶段，四川省环境保护国际合作正处于由“引进来”向“走出去”转变的过程中。

在“引进来”方面，四川省利用已有的与日本广岛建立的友好城市交流机制，积极开展双边往来交流活动。20 世纪 90 年代初期，先后有 100 多人赴广岛研修环保技术，研修人员学成后均成为各自领域的工作骨干，为推进环

保事业做出了重要贡献。近年来，广岛为推广其技术与项目输出，先后也派出140多名政府官员和企业人员来川。四川省环保厅协助其组织召开洽谈会、推广会，开展实地考察、专项接洽，并聘请了专业的咨询公司进行项目追踪。双方保持着密切的联系和广泛的合作。此外，四川省环保厅和相关环保机构与英国、美国、加拿大、韩国、德国、丹麦、新加坡驻成都、重庆的总领馆都保持着通畅的联系，2010年，先后协助、支持举办了英国、美国、法国、加拿大、德国、日本、新加坡、韩国、丹麦、以色列、哥斯达黎加等国家在川召开环保项目与技术推广会，组织四川环保企业广泛参与，进行交流与合作。然而，在“引进来”的过程中四川省也发现，虽然相关部门竭尽所能来促进企业之间的对接，但实际项目落地效果并不理想。

在“走出去”方面，四川省围绕本省环保中心工作，组织机关和直属单位领导及各类人员开展以环保技术交流为主题的出访交流工作，每年组团5～8个，出访人数约百人。近年来，由于四川省对公务员出访实行“控制指标、控制经费”的双控政策，对事业单位实行预算管理，出访规模有所缩减，每年组团3～5个，出访人数有二三十人。同时，在泛珠三角区域环保合作机制下，四川省每年组团参加香港、澳门环保展及相关论坛，特别是澳门环保展均由省政府、人大的领导带队高规格参加。尽管四川省尚未出台推动环保技术和产业“走出去”的专门政策措施，但一批具备实力的环保企业“走出去”发展的意愿强烈，已经主动开展了相关的探索，在咨询、设计、工程施工、产品配套、设备输出等多领域、多环节，依托大型企业的工程总包项目“借船出海”，或利用企业所在专业领域的资源和基础，依靠专有技术单独“走出去”，走向了亚洲、美国、欧盟、非洲和南美洲等国家和地区。但四川省环保技术和产业多以点对点、订单式合作为主，环境保护“走出去”尚未形成规模，不具备持续发展的保障机制。

表 3-3-1 部分环保企业"走出去"情况

序号	公司名称	业务领域	目标国家或区域
1	四川环能德美科技股份有限公司	废水	孟加拉国、马来西亚
2	四川正升声学科技有限公司	噪声	泰国、伊朗、印度、印度尼西亚、巴基斯坦、巴西、摩洛哥、波黑
3	四川中自尾气净化有限公司	废气	欧盟、南美洲
4	成都美富特环保科技有限公司	废水	乍得（中石化废水）
5	四川晨光工程设计院	废水、废气	土耳其（脱硝）、哈萨克斯坦（含氰废水）
6	四川天采科技有限责任公司	废气	泰国、马来西亚
7	四川溢阳环保设备技术工程有限公司	废水、废气设备	印度尼西亚、缅甸、白俄罗斯、美国
8	四川三元环保工程有限公司	噪声工程	肯尼亚、巴基斯坦、委内瑞拉、孟加拉国
9	东方电气集团东方锅炉股份有限公司	废气	土耳其、越南、委内瑞拉

3.3 多管齐下，扩展区域环境合作途径与空间——以山东省为例

3.3.1 总体情况

2013 年以前，山东省开展环境保护国际合作交流以引进来为主，与日本韩国互访频繁，积极同国外政府、研究机构、国际组织开展环保示范项目，引进先进技术。在国家"走出去"战略和"一带一路"行动框架提出后，山东省对境外国家，特别是"一带一路"国家经贸合作进一步发展，山东企业在海外大型项目数量攀升，带动了环保产业的发展。政府正在推动以多种政策引导、平台建设的方式推动企业"走出去"。2014 年，山东省商务厅联合财政厅制定《境外经贸合作产业园区考核管理办法》，积极实践创新方法，鼓励山东龙头企业引领，集群式、抱团"走出去"，综合信息、人员、资金实力，增加抗风险能力。

3.3.2 政府间交流互访

在政府层面上，山东省环保厅与多个国家、地区建立了政府间互访机制，同日本、韩国、英国、美国、澳大利亚等国家还有国际组织开展交流合作。从1992年开始，山东省就开始与日本开展环保交流合作，在人员互访方面，截至目前，山东省共派遣了21批105人次赴山口县进行环保研修，6批72人次赴和歌山县研修，8批16人次赴福冈县研修；山口县和歌山县共派出了20余批技术代表团来山东访问。交流内容涉及大气污染防治、水环境管理、生态保护、土壤修复等多个领域。2005年成立了山东省人民政府－韩国环境部环保事务合作委员会，通过委员会促进双方政府和环保企业之间的合作交流。至今已经举办了10次鲁韩环保合作事务委员会会议，在此框架下成立了“鲁韩大气合作技术咨询委员会”，召开了15次鲁韩环保产业合作项目洽谈与说明会，山东省共派出了116人次赴韩国研修，促成了鲁韩20多家环保企业开展了项目合作。

3.3.3 环保项目实施

在政府间合作框架之下，山东省促成和实施了很多环保国际项目。山东省获得了韩国约700万元人民币的赠款，合作开展了“火力发电厂脱硝设备安装示范项目”“济南市VOC监测项目”等，并且与韩国确定在烟气除尘方面进一步开展合作，韩国计划捐赠1.2亿元用于山东省的示范工程建设。山东省环保厅与牛津大学在烟气脱汞方面进行了合作，拟在山东泉林纸业有限责任公司建立试点项目；与英国Ricardo-AEA公司联合开展济南市交通运输大气污染源减贫研究，提出空气质量管理方案。与美国理海大学共同开展了烟煤电厂全过程污染控制研究，拟在淄博建立合作试点项目，以期进一步在全省、全国范围进行技术推广。与澳大利亚南澳州贸易与经济发展部签署了合作备忘录，开展人员交流，山东省环境规划研究院与南澳州水行业联盟拟签署环保合作协议，在水环境保护方面共同开展研究。2014年，山东省与日中经济协会合作在淄博建立“中日大气污染防治综合示范区”，在脱硫、脱硝、挥发性有机物治理等领域开展合作。此外，山东省也积极争取国际组织的合作项目，2009年，《山东省开展SO_2排污权交易政策可行性研究项目》列入《GEF中国火电效率项目》子项目内容，获得了世界银行全球环境基金赠款50万美元，在山东潍坊开展试点工作。

3.3.4 平台建设

为了进一步提高环保企业走出国门，开拓海外市场的能力，山东省积极推动平台建设，邀请国外使馆人员介绍该国投资环境，协助推介山东企业。组织企业参加国内现有的国际贸易促进机制。针对企业在“走出去”过程中遇到的资金“瓶颈”，山东省牵线搭桥，联系政策性银行、保险公司、会计师事务所等金融机构开展对接。设立山东海外投资基金，通过项目、股权、债券多种方式为企业提供资金方面的支持。简化境外投资烦琐程序，对大部分投资项目实行备案制，为企业“走出去”提供便利。山东同日本贸易振兴机构、日本关西经济联合会、日本九州地区环境循环产业联盟、日中经济协会等机构签署了合作协议，举办产业论坛、企业对接会等10余次。2004年开始，山东省每两年举办一次生态山东建设高层论坛暨绿色产业国际博览会。共计有来自中国、韩国、日本、美国以及香港、台湾等24个国家和地区的2 600多家企业和国际组织参加。通过绿博会，山东省与日本韩国等国家相关机构建立了常态化的环保产业合作机制。环境保护部、韩国环境部、美国商务部、日本贸易振兴机构等机构的50多位省部级官员出席了绿博会开幕式。绿博会已成为具有一定影响力的区域性绿色产业市场平台，发挥了促进环保先进技术交流、供需对接和推动山东环保产业发展的作用。

展望篇

Ⅰ

OUTLOOK

1

区域环境合作总体形势

研究和实践表明，我国区域环境合作面临的形势和特点如下：

（1）与双边合作机制相比，区域合作由于参与国家多，合作协调难度大，利益关系复杂多变，务虚的特征往往比较明显。从目前情况看，在我国参与的与周边国家的区域环境合作机制中，大部分是虚多实少，一些是长期处于信息交流、对话机制的水平上，区域合作机制更多的是在发挥“创造氛围”和“润滑剂”的作用。通过开展区域合作，加强对话，增进了解，促进信任，达到增信释疑和互惠互利，努力消除“中国环境威胁论”及其不利影响，实现“睦邻、安邻和富邻”，营造良好的周边环境，保障我国环境安全。

（2）环境合作机制与政治、经济等紧密相关，发展我国与周边国家区域环境合作机制，既要考虑各合作机制的现状和需求，又要考虑我国与相关国家的政治经济关系。如随着东盟战略地位日渐突出，日本、韩国继续加大对东盟的环境合作投入。为此，中国也加大了对东盟的环境合作投入，谋求建立中国－东盟环境部长对话机制，以环境合作促进政治、经济合作。

（3）已有区域主要环境合作机制中涉及了跨界水利用和保护、酸雨、沙尘暴、生物多样性保护、固体废物管理等各类环境问题。总的来看，一般性/综合性机制涉及的问题较多，更多的是起到一种指导性作用，合作深度不够；

而针对某一问题的机制，如针对跨界水的机制、针对沙尘暴和酸雨等的机制，则合作内容比较具体和深入。已有区域环境合作机制中，跨界水相关合作机制最多，但由于涉及的利益关系复杂、国际关注度高、影响大，合作中面临的分歧与压力也较大，合作进展较为缓慢。

（4）相关机制间存在相互影响和作用

一是区域环境合作机制与双边合作机制间存在相互影响与作用。在双边环境合作中“大国”力量是主要影响因素，而由大国参与的区域环境合作机制则成为“大国”将其双边问题区域化，凸显其政治与经济利益的另一个舞台。对于某些在双边合作中棘手的问题可以更好地利用区域机制予以化解。

二是区域机制间存在着相互影响与作用，如大湄公河次区域（GMS）环境合作与东盟环境合作、澜沧江－湄公河环境合作的关系。在 2007—2011 年 GMS 核心环境项目发展规划中也多次提及要和东盟与湄公河委员会等其他区域组织开展合作。

三是多边环境合作机制对区域环境合作机制的影响。有关全球环境问题的国际公约不断产生，在主要的全球环境问题上形成了全球制度框架和规则体系。同时，在不同的环境问题上，各国都在根据各自利益和需求开展区域合作。

因此，深入了解各机制间的关系，利用好特定的平台和机制有针对性地解决可持续发展过程中的某类问题是中国开展区域环境合作的重要任务和目标。

（5）缺乏针对解决某些重要问题的区域环境合作机制。主要表现在两方面：一是对现有环境问题缺乏解决机制。如针对电子垃圾问题还没有相应的区域机制；二是对一些新的环境问题（如汞污染问题等）也尚未考虑建立相应的合作机制。这方面的环境合作机制建设需要加强。

2

未来趋势展望

我国面临的区域环境问题及合作形势可以概括为“双向影响严峻、内外利益攸关、国际形象关切、大国责任凸显、挑战机遇并存”，具体体现在如下 6 个方面。

① 区域环境问题与国家政治、经济和安全等领域不断相互渗透，一体化和复杂化程度日益增强，环境安全成为一个国家非传统安全的基本要素，环境利益成为一个国家核心利益的组成部分。

② 众多全球环境问题正在不断恶化，对我国环境与发展的不利影响也日益增大；我国面临的区域环境问题凸显，形势严峻；一些新的全球和区域环境问题的发展趋势明显。

③ 在许多区域环境问题上，我国既是受害者，又是责任者，应对这些问题不仅是中国的国际责任和形象问题，而且是关系到我国的可持续发展的自身利益问题。

④ 应对区域环境问题，根本出路在于做好国内的相关环境保护工作，辅以国际合作的手段，达到缓解压力、争取理解、维护利益、赢得时间、谋求空间和寻求支持的目的。

⑤ 从现在到 21 世纪中叶是决定全球和区域环境问题走向的一个关键时

期，也是我国解决国内环境问题的一个关键时期，需要统筹兼顾，"以外促内、以内带外"，争取开创协同增效的双赢局面。

⑥ 中国与世界的发展进程逐步融为一体，经济全球化在给中国环境带来挑战与机遇的同时，中国对世界的环境影响正在明显增加，中国在国际环境事务中的责任问题凸显。特别是成为第二大经济体和综合国力显著增强之后，中国不仅是世界格局中的政治大国，而且是经济大国，国际社会对中国的期待和中国在国际事务中的实际地位与作用发生了重要变化。中国日益被视为主导世界经济与环境安全的力量，而且这种认识可能随着中国经济的持续发展进一步强化。在对世界环境和经济的影响日益加大的同时，中国已置身于一个对国际社会更负有责任的地位。中国以何种态度和行动维护自身环境利益、应对全球和区域环境关切、履行应尽责任和义务、发挥必要影响、促进共同发展，受到了周边国家乃至全球的热切关注。

由于中国参与的区域环境合作机制复杂多样，各机制下各方关注点和需求不尽相同，当前及未来一段时期内，中国的区域环境合作应既强化统筹协调，又强调特点和针对性。

对于各区域均关注的需求和领域，可开发、制订统一的行动计划整体推进。如在环境能力建设方面，就可借鉴"中国－东盟绿色使者计划"的经验，设计"中国－南南绿色使者计划"的伞型项目，统筹中国－东盟、中国－上合组织、中国－非洲、中国－拉美、中国－阿拉伯国家等中国与发展中国家区域环境合作机制下的能力建设行动，切实高效地推动合作目标的实现。

而对于各机制下差异化的关切点和发展趋势，则采取"一区一策"的方式进行谋划和布局。

2.1　中国－东盟环境合作

中国－东盟环境合作是我国较早建立的区域环境合作机制，目前已较为成熟。鉴于该区域合作机制具有的基础性、示范性和战略性的特点及作用，中国未来深化与东盟国家的环境合作应继续以中国－东盟环境保护合作中心为依托，推动落实中国－东盟环境部长会议，结合东盟国家关注的环境问题，在巩固原有生物多样性保护、能力建设等领域合作的基础上，向环境可持续城市等新领域合作拓展，更加务实地推动《中国－东盟环保合作战略》的落实。

2.2 中国－上合组织环境合作

上海合作组织各成员国是我国“一带一路”倡议中的重要节点，对于中国政治、外交、安全都具有十分重要的意义，开展与中国－上合组织环境合作对于维护区域稳定、经济和能源安全十分重要。上合组织环境问题众多，中国－上合组织环境合作不应试图解决该地区所有的环境问题，而应找准和优化合作定位，尽快商定《上海合作组织环境保护合作构想草案》，并在此基础上适时拟定中国上海合作组织环保合作行动计划，探索优先合作领域并开展务实合作。应依托上海合作组织环境保护合作中心这一平台，连同联合国机构、国际金融机构、各环保基金等与上合组织开展环保合作，特别是加强与中亚地区已有的环境合作机构，如中亚区域环境中心、拯救咸海国际基金会等的交流与合作，积极筹措多方资金，着重解决上合组织国家层面的环保问题，统筹协调解决区域生态环境问题。针对特定的区域环境问题，以考虑参与设立区域环保合作项目，将中国的丰富经验和技术成果转移出去，帮助上合组织各国提高解决环保问题的能力，也逐步使我国成为该地区环保国际合作的主导力量。同时还可考虑以共建环保产业基地的模式，建立环保产业信息网络，务实推动中国与上合组织的环保技术与产业合作。

2.3 澜沧江－湄公河环境合作

2017 年 11 月，澜沧江－湄公河环境合作中心正式成立。目前，澜沧江－湄公河环境合作已经在政策对话、能力建设等领域积累了良好的合作基础。未来开展澜沧江－湄公河环境合作应发挥中国在该区域环境合作，尤其在能力建设、技术转移、生态保护等领域的核心作用，构建区域国家环境法制与政策对话平台，开展澜沧江－湄公河环境合作能力建设，推动区域内国家人员交流，共同提升次区域环境政策、执法与治理能力。结合澜沧江－湄公河国家环境发展特点，继续共同推动在生物多样性保护领域的合作项目和科学研究，开展农村地区的生物多样性保护与扶贫合作，并逐步开发出具有区域引导与宣传性的示范项目。同时，呼应澜沧江－湄公河国家在环境可持续城市方面的关注和诉求，与国内环保工作有机结合，推动城市环境管理合作，促进城市环境保护与绿色发展。此外，还应以环境技术与产业交流与合作为切入点，帮助区域内国家建立和完善环境管理制度体系和标准体系，促进环境技术、标准的交流和输出，带动绿色经济发展。

2.4 中国－非洲环境合作

非洲国家是中国的重要外交伙伴，也是“一带一路”的重要节点。在“互助”和“双赢”的原则下，巩固和加强同非洲的友好合作关系对我国参与国际政治、经济以及可持续发展进程具有重要战略意义。随着中非关系的不断深化，中国与非洲开展环境合作已成为共同解决区域环境问题、实现区域可持续发展的基本需要，也是对全球可持续发展内涵的丰富和“南南”合作模式的创新探索。

今后一段时期，中非环境合作仍将是中非合作中的一个重点合作领域，为中国对非政治经济外交布局服务。中非环境合作的目标是把握未来 10 ～ 20

年中非环境合作稳步上升期，使中非环境合作真正有所作为，在非洲对外环境合作的大局中占据有利位置，其合作方针是多边与双边环境合作共同促进，协调并举，重视非洲关切，将环境与发展议题紧密结合，通过合作帮助非洲加强能力建设，加强非洲方面的主动性和中非双方的互动，令非洲方面更积极主动地参与到中非环境合作的政策设计以及行动议程的制定和落实之中。

在总体目标和合作方针的指引下，应发挥政府的主导作用，在中非合作论坛的框架下统筹中非环境合作整体布局，积极推动中国－非洲环境保护合作中心的建立，适时制定发布环境保护合作战略，强化能力建设和技术转让，建立稳定的对非环境援助项目与资金体系，探索与非洲区域组织开展环境合作的可行模式，确保中非环境合作延续性。要运用市场手段，加强中非环保产业合作，打造中国环保产业的国际竞争力，鼓励中非开展企业间环境社会责任交流，促进中国企业对非投资的绿色转型，推动中非民间环保交流，密切政府、企业、民间配合，建立广泛多层次的中非环境合作体系。

2.5 中国－拉美、中国－阿拉伯国家环境合作

阿拉伯是“丝绸之路经济带”和“21 世纪海上丝绸之路”的重要交汇点，拉美和加勒比地区是近年来中国最重要和增速最快的投资目的地之一，两个地区的国家都是中国重要的合作伙伴。中国和拉美、阿拉伯国家环保合作起步较晚，目前尚处于起步阶段，但是未来发展前景广阔。

鉴于中国－拉美、中国－阿拉伯国家环境保护合作面临的相互了解较少、基础信息不足、合作机制不成熟的现状。当前，中国与拉美、阿拉伯国家的环境合作应侧重于政策对话与交流，建立中拉论坛下的环境对话交流机制及中阿环境合作机制，加强政策和战略研究，促进信息交换，在扩大共识、增进互信的基础上，探索开展具体合作的优先领域和最佳途径。

3

政策建议

新阶段新形势下，为推进我国区域环境合作纵深发展，应着重从以下几个方面完善政策和支撑体系。

3.1 积极参与和建立区域环境合作机制，扩大影响，争取话语权

区域环境合作机制是固化区域环境合作关系，协调各方意见和行动的重要平台。纵观国际上各国环境合作的发展，参与和建立环境合作机制都是凝聚共识、统筹行动、扩大影响、实现共赢的重要手段和途径。中国已经主导建立了中国－东盟、中国－上合组织、澜沧江－湄公河、中国－非洲等合作机制，并积极参与了其他一些重要机制，利用这些机制平台开展了诸多环境领域的合作。未来区域环境合作机制还将继续发挥更重要的作用，利用好机制服务于中国和区域的可持续发展是当前及未来一段时间我国区域环境合作重要任务之一。对于区域共同关注的传统环境领域，应在现有机制框架下，积极开拓务实推进相关合作项目，切实提高区域环境治理能力，促进环境问题的解决。对于复杂敏感的跨界环境问题和新兴环境问题，更应利用已有机

制开展广泛对话和积极协商，谋求和探索解决途径。同时，围绕国家政治、经济、外交利益，还应更主动地谋划建立新的环境合作机制，为融入区域环境治理，增强区域影响力和话语权服务。

3.2 加强区域环境问题研究，制定重要大国和区域的环境合作战略

一段时间以来，我国在与重要大国和重要区域的环境合作中，主动性推动、整体性部署和中长期谋划不足。造成这一局面的原因在于，我国对大部分区域环境问题的基本机理、现状、影响情况和发展趋势还缺乏基本的研究，直接制约着我国应对区域环境问题的对外和对内战略与对策的制定。为此，我国应制定区域环境问题研究专项规划与计划，组织国内研究机构开展系统和长期的基础观测和研究工作。在此基础上，首先研究制定中俄、中美、中日、大湄公河次区域、中国－东盟及中欧、中非、中亚、上合等环境合作战略，逐渐构建明确的、系统的、超前的和长期的区域环境合作路线图，有效指导具体工作。此外，由于区域环境合作涉及国际和国内两个大局，形势复杂多变，还应建立区域环境合作战略的定期评估机制，对各项战略和政策进行跟踪评估和更新。

3.3 以对外援助为先导，推动环境保护“走出去”

从发达国家的经验上看，对外援助一直都是环境保护“走出去”最初始、最基础的形式和内容之一。中国作为发展中国家，在整治环境污染方面的丰富经验一定程度上更适合于其他发展中国家借鉴，从树立积极的国家形象和开拓环保产业市场两种需要上看，我国的环境保护也到了以对外援助为平台实施“走出去”战略的时候了。中国在已开展的环境保护相关对外援助的实践过程中，已经树立了“南南”合作的典范，“不附带任何政治条件”的援

助原则也使得对既有的国际援助机制、援助秩序产生了很大影响。因此，我国将环境保护内容纳入对外援助计划之中，重点对东南亚、非洲地区开展环境培训和污染治理技术开发等环境外援工作，将有利于体现中国特色，输出中国经验，传播中国文化，塑造中国形象。

3.4 建立多层次多渠道的国际环境合作体系，扩展资金渠道

当前，我国的区域环境合作体系不够完善，政府、企业、机构、国际组织各方行动缺乏协调统筹，没有形成合力，在资金筹措渠道上也较为单一。政府层面，应根据国家利益，结合国家资源与优势，制定国际环境合作战略，建立机制平台，做好顶层设计；强化政府间国际环境合作这一主渠道的同时，逐步建立健全地方国际环境合作机构，加强指导，帮助地方提高合作能力；制定有效政策措施，鼓励、推动和规范民间国际环境合作；加强我国与联合国环境规划署等联合国系统以及其他重要国际组织的环境合作工作。在企业层面，严格遵守环境法律法规要求，积极履行环境与社会责任，环保相关企业加强科技创新，提升技术管理能力，积极参与国际环境合作项目。在机构和国际组织层面，积极组织开展环境领域的基础研究，建立专家网络，做好政府、企业、公众的沟通桥梁，发挥监督作用，为区域环境合作提供智力、技术、信息、资源、资金等方面的有益补充。

在资金渠道方面，在政府财力有限以及民间主体实力增强的情况下，应通过激励政策，充分调动社会和民间资源，利用有限的资金带动私人投资，可以考虑建立专门的基金，使无偿援助、优惠贷款以及企业投资共同支持和推进项目的开展。同时，可考虑拓展合作与援助渠道，充分发挥非政府组织和企业的作用，使我国的环境对外合作工作深入到东道国的基层民众之中，也可考虑借助国际组织的渠道和经验，共同开展合作项目。

3.5 加强国际环境合作协调机制和管理机构建设，国际国内并举、协调发展、协同推进

国际环境合作已成为我国走和平发展道路和外交工作的重要组成部分，这也必然意味着，区域环境合作工作与国内环保工作一道共同构成了我国环境保护事业的整体，并要求二者并举，协调发展，协同推进。为适应国际环境合作工作的这一新的定位，首先要完善国家国际环境合作协调机制，明确建立由外交部指导、环境保护主管机构负责、各有关部门分工协作的统一协调机制；其次，将区域环境合作纳入国家环境保护规划和相关对外合作规划当中，统一部署和落实；第三，加强区域环境合作管理机构建设。针对非洲、金砖国家、澜沧江－湄公河区域、拉丁美洲等新兴的、热点的合作区域，设立专门管理机构组织开展环境保护领域的国际合作。

3.6 建立环境保护对外宣传机制

建立环境保护对外宣传机制是新形势新阶段我国国际环境合作的新任务，要让国际社会充分了解我国环境保护工作的进程、成就和必要的经验，用国际语言讲好中国环保故事，起到增信释疑、扩大影响和树立积极形象的目的。对外宣传机制的建立包括 5 个方面：① 加强环境保部官方英文网站建设，增大信息量；② 定期编撰环境保护英文宣传材料；③ 在境外举办专门的宣传活动；④ 主动承办大型国际环境会议；⑤ 强化意识，相应的对外交流活动要承担环境宣传任务。

3.7 加大投入力度，加强专业人才队伍建设

研究区域环境问题、开展区域环境合作需要大量的资金支持，拓展资金

渠道十分必要。一方面应加大财政资金的投入力度，另一方面可探索多种途径吸引和利用民间资本积极参与到区域环境合作中来。

当前，我国的区域环境合作已跨越了简单的“迎来送往”和“借鉴经验、引进资金和技术”的阶段，进入了一个战略上高度综合化、技术上高度专业化的新时期，必须要有充分的技术储备和支持力量。鉴于区域环境问题的政治敏感性特点，有必要强化和扩充国际环境战略研究和技术人才队伍。